建造师——建设美丽中国的践行者

在历次全国党代会的报告中，十八大报告首次专章论述生态文明，首次提出“推进绿色发展、循环发展、低碳发展”和“建设美丽中国”。报告提出，要把生态文明建设放在突出地位，融入经济建设、政治建设、文化建设、社会建设各方面和全过程，努力建设美丽中国，实现中华民族永续发展。把生态文明建设提升到与经济建设、政治建设、文化建设、社会建设五位一体的战略高度。

努力建设美丽中国、优化国土空间开发格局、增强生态产品生产能力、加强生态文明制度建设……一系列围绕生态文明建设的新表述首次出现在党代会报告中。把生态文明建设纳入社会主义现代化建设总体布局。报告提出推进生态文明建设的基本政策和根本方针是坚持节约资源和保护环境的基本国策，坚持节约优先、保护优先、自然恢复为主的方针。着力推进绿色发展、循环发展、低碳发展是推进生态文明建设的基本途径和方式，也是转变经济发展方式的重点任务和重要内容。推进生态文明建设的重要目标在于形成节约资源和保护环境的空间格局、产业结构、生产方式、生活方式，从源头上扭转生态环境恶化趋势，为人民创造良好生产生活环境，为全球生态安全作出贡献。

生态文明建设是关系人民福祉、关乎民族未来的长远大计。十八大报告将生态文明建设提高到新的战略层面，必将推动全社会形成尊重自然、顺应自然、保护自然的促进人与自然和谐发展的生态文明理念，推动资源节约型和环境友好型社会建设。

建设美丽中国是社会主义现代化建设的目标之一。

建设天蓝、地绿、山青、水净的美丽中国，建造师——建设美丽中国的践行者！

图书在版编目(CIP)数据

建造师 22／《建造师》编委会编. — 北京：中国建筑工业出版社，2012.11
ISBN 978-7-112-14888-2

Ⅰ.①建… Ⅱ.①建… Ⅲ.①建筑工程—丛刊 Ⅳ.①TU-55

中国版本图书馆 CIP 数据核字(2012)第 273574 号

主　　编：李春敏
责任编辑：曾　威
特邀编辑：李　强　吴　迪

《建造师》编辑部
地址：北京百万庄中国建筑工业出版社
邮编：100037
电话：(010)58934848
传真：(010)58933025
E-mail：jzs_bjb@126.com

建造师 22
《建造师》编委会　编
*
中国建筑工业出版社出版、发行(北京西郊百万庄)
各地新华书店、建筑书店经销
北京朗曼新彩图文设计有限公司排版
世界知识印刷厂印刷
*
开本：787×1092 毫米　1/16　印张：8¼　字数：270 千字
2012 年 11 月第一版　　2012 年 11 月第一次印刷
定价：**18.00** 元
ISBN 978-7-112-14888-2
(22964)

CONT 目

大视野

企业管理

项目管理

看世界

建造师论坛

ENTS 录

法律事务

房地产

案例分析

建造师风采

资 讯

本社书籍可通过以下联系方法购买：

本社地址：北京西郊百万庄

邮政编码：100037

发行部电话：(010)58934816

传真：(010)68344279

邮购咨询电话：

(010)88369855 或 88369877

《建造师》顾问委员会及编委会

从国际经验看我国当前应对经济硬着陆对策

程伟力

(国家信息中心经济预测部，北京 100045)

一、应对经济危机的国际经验和教训

(一)罗斯福新政效果有限，刺激政策难以取代经济增长内在动力

1933年罗斯福新政实施，1934~1937年GDP均实现了连年增长。但是，一个被广为忽视的现象是，1938年GDP再度出现负增长，再度跌至1929年的水平，同年私人投资萎缩了41%。这说明，扩大财政支出、兴建大型工程等举措可以在一定程度上消除危机的负面影响，但不可能取代经济增长本身所需的动力。从这一现象可以看出，次贷危机爆发后世界各国采取的刺激性经济政策都可以在短期之内产生一定效果，但长期无效，这也可以解释为什么次贷危机爆发四年后的今天世界经济依然低迷，而且看不出走出低迷的迹象。

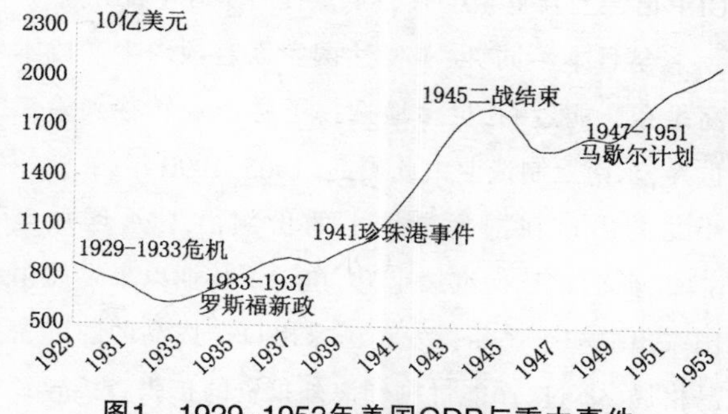

图1 1929~1953年美国GDP与重大事件(以2000年价格折算)

(二)第二次世界大战扩大美国外需，马歇尔计划帮助全球走出二战后危机

20世纪30年代，希特勒德国扩军备战，军火贸易再次升温。据统计，德、意等国1937年从美国购买的武器比1936年增加了4倍，同期日本侵华所使用的部分武器也来自美国。1939年，欧洲形势恶化，德国发动军事进攻占领波兰。正是从1939年开始，美国经济走上了增长的快车道，战争创造的外部需求让美国彻底摆脱了经济危机的阴影。但是战争结束后，外需骤降，1945~1947年美国经济再次陷入持续衰退，产能严重过剩，战后的欧洲经济濒于崩溃，美国产品也失去了国际市场，在此背景下马歇尔计划应运而生。

马歇尔计划是从1947年8月开始实施的，由于经济衰退较为严重，当年美国对外援助在规模上较战后初期明显上升。值得注意的是，从表1可以看到，1948年开始，在保持高额援助的同时，援助结构发生了重大变化。1945~1947年，对外援助中信贷额度高达数千亿美元，但是1948年骤降至953亿，之后递减至1951年的114亿。与此同时，以赠与形式表现的援助急剧上升，即减少信贷、增加赠与。调整的原因是，如果继续增加信贷，受援国势必面临日益严重的偿债压力，要么拒绝接受信贷，要么债务到期无力偿还，而且每年的利息支出对受援国及其企业也形成较大的压力，影响了再投资和生产的扩大。

实施大规模的对外援助之后，在经常账户顺差大幅缩减甚至出现逆差的情况下(原因是政府的对外援助尤其是赠与在很大程度上抵消了贸易顺差)，美国经济反而实现了高增长，1948年较上年增长4%，1950年、1951年达到了8.7%和7.7%，是美国战

后经济增速最高的年份。同时,西欧经济也迅速复苏,1948年至1952年是西欧历史上经济发展最快的时期,工业生产增长了35%,农业生产超过战前水平。事实上,从马歇尔计划实施开始,西方世界总体上经历了长达1/4世纪的繁荣,尽管这一时期的繁荣与第三次技术革命有关,但没有马歇尔计划奠定的物质基础,第三次技术革命可能被大大推迟。

二战后美国对外援助及相关指标(单位:百万美元) 表1

	1945.6~1946.12	1947年	1948年	1949年	1950年	1951年
援助总额	7820	6224	5716	6146	4636	5029
收益	376	543	523	483	476	454
赠与净额	3611	1859	4240	5211	4027	4461
信贷净额	3833	3822	953	452	133	114
经常账户余额	–	8895	1864	528	–2304	90
援助总额/GDP	–	2.5%	2.1%	2.3%	1.6%	1.5%

另外,马歇尔计划长期以来也被认为是促成欧洲一体化的重要因素之一。该计划消除或者说减弱了历史上长期存在于西欧各国之间的关税及贸易壁垒,使西欧各国的经济联系日趋紧密并最终走向一体化,而欧洲一体化不论是对其自身还是世界经济的发展都具有重要意义。

(三)第一次石油危机后欧洲和日本经济冰火两重天

1973年第一次石油危机爆发后,世界经济陷入严重的停滞状态,日本的经济环境发生了重大变化变化,这种变化同我国目前的状况类似。其一,固定资产投资乏力;其二,资源和能源制约因素激增;其三,由于高学历化而使熟练技术工人的劳动力出现不足,企业面临巨大的成本压力;其四,国际贸易保护主义倾向抬头;最后,引进国外新技术日趋困难。在此背景下,日本以加快设备投资为突破口,对产业结构进行了一系列调整,顺利实现了经济转型并有效避免了经济硬着陆。

首先,放弃了自20世纪50年代中期以来实施的以重、化学工业为龙头带动整个经济发展的路线。其次,在制造业中,对原材料型产业进行大力调整,加快技术设备升级,放弃粗放式发展模式,推进集约化经营,重点扶持大型企业。第三,对能够维持国际竞争力的钢铁业、石油化工业、造纸业等,在加大节能环保设备投资的同时,重点发展深加工,以高附加值产品带动整个产业的发展。第四,对无力适应新形势的纺织业、有色金属业等,则采取转产或向海外迁移的对策。最后,对装配加工产业则采取大力扶植政策,以技术尖端行业为核心,以低能耗、高效益、高科技为方向,增强企业的国际竞争能力。虽然欧美市场不景气,日本汽车仍以小型化、质量高、消耗低的优势,迅速提高国际市场占有率,在美国市场占有率1975年为9.5%,1980年为21.3%;在欧洲,尽管英、法、意等国限制进口,但日本汽车市场占有率仍从1975年的4.6%上升到1980年的9.1%。在1973年到1991年期间,世界经济持续低迷,但日本经济增速仍保持4%的水平。

由于新技术和设备投资带来了劳动生产率的提高,化解了劳动力成本上升的不利影响,日本的产业空心化问题得以缓解;另一方面,由于日本的失业率保持在较低水平,收入分配情况得以改善。这些因素推动劳动者收入的改善并提升了消费率水平,日本收入分配改善的结果是,1970年私人部门消费占GDP的比重达到低点之后开始回升,1979年私人消费占GDP已经上升至58.7%,较低点提升了6个百分点。

与日本不同,欧美发达国家面对国内生产成本高昂和产能过剩,更多地选择了将产业转移到第三世界,东南亚制造业由此崛起。1965~1990年,亚洲四小龙的出口在国际市场上的份额由1.2%增加至6.4%,此后该比例继续上升,扭转了长期以来发展中国家出口初级产品、发达国家出口产成品的国际贸易格局。不过,产能过剩和海外投资的扩张直接导致欧洲制造业衰落,第三产业在国民经济中的比重逐渐上升。但是,这种上升是因为制造业的衰落而非第三产业的兴起,第三产业并没有创造出额外的就业机会,经济长期停滞不前和失业率高企成为欧洲经济长期挥之不去的阴影，即使在世界经济空前繁荣的2006年，欧元区失业率仍然高达8.3%。当前欧洲经济持续低迷，这同40年前的政策选择有很大关系。

二、我国应对经济硬着陆的对策

从技术方面看，世界缺乏引领经济增长的新技术；从国际合作来看，发达国家不积极向发展中国家转移先进技术设备，资金缺乏导致对外援助下降，贸易壁垒却在不断加强。在此背景下，世界经济将长期处于低迷状态。我国在外部需求下降和固定资产投资增速趋缓的背景下，宏观经济存在硬着陆的可能，为此我们应借鉴国际经验，采取积极的应对措施。

（一）借鉴马歇尔计划，积极培育外部需求

首先，应加强与新兴市场和发展中经济体的合作和交流。由于我国同其他发展中国家在经济方面存在较强的互补性，相互影响越来越大，随着世界经济格局的变化，这种趋势在未来将不断加强。因此应加强对新兴市场和发展中经济体与发展中国家的投资与金融支持，通过扩大对外投资促进发展中国家经济增长，由此带动面向发展中国家的出口。同时，应发挥地缘优势，加强与东亚等邻国的经济合作，加快向西开放的步伐，通过经济发展促进边疆的稳定。

其次，通过扩大技术和设备进口促进国内产业升级，同时拉动发达国家出口。发达国家为了扩大外部需求，对我国的技术封锁会有所减弱，为我国引进先进技术和设备提供了较为有利的条件。当前，我国应当加强装备制造业、节能节水和环保技术、高新技术以及传统制造业高端产品和技术的引进，淘汰落后产能，实现相关设备的更新换代，提高劳动生产率，使我国的整体生产水平上一个新的台阶。与此同时，可以充分利用国际人力资源，吸收一些专家和技术人员到我国企业从事研发、生产和教育培训工作，加快我国对先进技术的消化吸收过程。

最后，积极参股或控股发达国家企业，提升走出去水平。有的国家虽然规模较小，但是科技发达，产业创新能力很强，我们应抓住当前有利时机，通过多种方式吸收这些国家先进的生产技术管理经验。例如，挪威的炼油设备世界领先，该国的石油公司具有独特的技术创新理念和管理方法；瑞典拥有高质量的机械行业，机械产品具有精密、耐用和工艺水平高的特点。而这些国家经济保护主义和经济民族主义势力相对来说比较弱，国际开放程度非常高。通过在主权债务危机这样特定时期的战略收购，不仅可以将以金融资产形式存在的外储转变为企业股权，而且能够缩短我国和西方技术水平的差距。

（二）加快设备投资，在实现转型的同时促进增长

我国一直以来基建投资占总投资规模的70%左右，因此周期的波动与基建有着更直接和紧密的关系，此轮经济增速下滑与此高度相关。但是，无论是经济理论还是发达国家的实践都表明，设备投资与周期波动有着直接的关系，例如日本战后的多个景气周期主要由设备投资推动。虽然我国当前的设备投资未占据主导地位，但设备投资的波动对经济周期的影响不容小觑，在基建投资增速回落而制造业投资加速的情况下，设备投资应该成为新一轮周期的推动力。

投资并不仅仅是耳熟能详的基建、工程，设备和软件投资也是投资的重要组成部分。参照日本及其他多个国家和经济体的经验，在工业化向纵深发展以及经济增速放缓的过程中，设备和软件投资在总投资中的比重呈上升的趋势，而在转型期，这种提升往往呈现出加速的态势，并最终居于主导地位。如上文所述，我国当前的经济环境和第一次石油危机后的日本类似，因此，我国应借鉴日本等发达国家的经验，加快设备投资，在实现转型的同时防止经济硬着陆。

我国目前设备投资占固定资本的比例大约在25%~30%，日美设备投资占固定资本的比例可以为我们估计中国设备投资的增长提供经验的参照。转型期日本设备投资占固定资本的比例，根据日本统计局的数字，大约在50%~60%；而根据OECD（经合组织）的数据，这一比例在40%左右。韩国设备投资占比大约在40%~50%；转型期美国的设备投资占固定资本的比例大约在50%。因此，如果说中国当前存在投资过度，那也主要发生在某些领域，如我国的高速公路已接近全球平均水平,而提高制造业乃至服务业效率和生产管理水平的设备及软件投资仍然不足,我国设备投资还有很大的增长空间。

结合国际经验比较以及中国当前经济、社会发展的阶段,我们认为,未来中国设备投资将以机械、电子及信息等产业为核心,围绕以下方面展开:

(1)机械对人力的替代。劳动力成本的上升,尤其是青壮年劳动力供给的短缺(无论是人口的减少还是劳动意愿的不足),都促使资本对劳动的替代,设备投资转变为资本要素的过程即经济增长转变的过程。

(2)工程机械。我国中西部地区城镇化的加速,“十二五”期间农田水利建设的开展,这两大因素应该带动工程机械设备投资的增加。

(3)产业升级。尤其是制造业的升级会刺激高端装备设备、精密仪器设备等投资的增加。

(4)节能环保。节能环保战略的推行增加了新能源设备、节能环保设备的需求。

(5)民生与安全。在经济转型阶段,全社会对民众福祉的改善更为重视和关注,表现为强调安全生产、增强对食品安全的检验检疫等等,这将带动相关设备等领域的投资增加。以煤炭行业为例,安全生产亟需提高机械化程度,目前我国煤炭行业的采煤机械化程度大约50%,而其他煤炭大国的机械化已达到或接近100%。

(6)现代服务业的发展。无论是生产性服务业,如物流、商贸,还是消费性服务业,如医疗、零售等,其生产及管理效率的提高,都需要在电子信息设备以及软件支出等领域加大投资。

(三)借鉴国际经验,探索积极的就业政策

防止经济硬着陆,首先应该维持就业的稳定,避免石油危机后欧洲大多国家出现的长期高失业率现象,同时也尽可能避免2008年底大量农民工提前返乡现象再次出现,因此需要采取积极的就业政策。

首先,借鉴国际经验,探索经济增速放缓情景下的就业模式。在经济增速回落的情况下,巴西失业率却创历史新低,德国同样出现这一现象,日本则始终保持较低的失业率,这说明增加就业不一定依赖于经济高速增长。未来我国年均10%以上经济增速将难以为继,我国应借鉴国际经验,探索经济增速下降情况下的就业增长模式。另外,我国人口众多,各地区差异较大,我国应充分调动地方的积极性和创造性,探寻提高就业水平的有效途径,实施具有针对性的区域就业政策。

其次,顺应历史潮流,促进海外就业。尽管世界经济形势复杂多变,但我国企业走出去的趋势不可逆转,海外就业规模也将持续扩大,相关部门应加强引导和培训,做好有关服务工作。在海外就业方面,印度的经验可资借鉴。印度大规模的跨国劳务流动已延续30多年,目前人口总数达到1000万左右,这对外满足了他国经济发展需求,对内有效化解了就业压力、提高了劳工素质,并为本地经济发展带来了外汇收入。印度政府部门及时调查掌握国际劳动力市场需求的信息,在国家层面上消除劳动力跨国流动的障碍,积极拓展劳动力跨境就业的渠道。

再次,细化就业统计,提高宏观调控水平。宏观经济政策的目的之一是促进就业增长,但我国就业统计过于粗糙,不能反映经济政策和就业之间的关系,在经济低迷时期保就业的政策也就变成了保增长,但某些政策会导致无就业增长。为了有效监测经济政策实施效果,需要完善就业统计数据,尽快将农民工纳入就业统计体系,并细化统计指标,建立起同经济增长、物价和国际收支一样细致的统计指标体系。与此同时,宏观调控需要更加关注就业。

(四)根据相机抉择原则,采取积极的财政金融政策

一方面,对设备投资采取税收减免和加速折旧政策,并采取优惠的贷款政策。另一方面,在当前形势下,应进一步降低利率以刺激设备投资增长。目前制定货币政策时担心通胀,迟迟不愿进一步降息。但日本的经验表明,成本上升并非难以化解的痼疾,日本在进入转型期后,通过劳动生产率的提升有效化解通胀压力,也避免了产业过度向海外转移带来的产业空心化和高失业率。这为我国推出产业政策和货币政策的组合拳提供了可资借鉴的参考。

构建消防应急社会动员机制的四个基本问题

王宏伟

(中国人民大学, 北京 100081)

摘　要:本文回答了消防应急社会动员的四个基本问题,即:什么是消防应急社会动员?为什么要进行消防应急社会动员?如何加强消防应急社会动员?怎样实现消防应急社会动员的有序性?首先,文章分析消防应急社会动员的内涵,阐释了开展消防应急社会动员的重要意义。在此基础上,提出了我国加强消防应急社会动员、实现消防应急社会动员有序性的具体措施。

关键词:消防,应急管理,社会动员,问题

随着经济、社会的快速发展,我国已经进入了突发事件的多发期、高发期和频发期。从2009年央视火灾到2010年上海静安区"11·15"火灾,重大火灾事故对公共安全提出了严峻的挑战,给社会公众的生命、健康与财产造成了严重的损失。

目前,我国各级党委和政府正在积极采取措施,加强和创新社会管理。这为我们转变消防安全管理工作的思路创造了契机。在此过程中,我们必须着力构建消防社会动员机制,吸纳企业和社会力量的广泛参与,形成全社会共同应对火灾事故的强大合力。

为了有效地开展消防应急社会动员,我们必须对四个基本问题进行深入的思考:什么是消防应急社会动员?为什么要进行消防应急社会动员?如何加强消防应急社会动员?怎样实现消防应急社会动员的有序性?正确认识第一个问题有助于我们把握消防应急社会动员的总体思路,正确认识第二个问题有助于我们强化对消防应急社会动员的重视,正确回答第三个问题有助于我们将消防应急社会动员落到实处,正确回答第四个问题有助于我们实现消防应急社会动员的最终目的。

一、消防应急社会动员的界定

对于我们而言,"动员"是一个耳熟能详的词汇。我国《突发事件应对法》第6条规定:"国家建立有效的社会动员机制,增强全民的公共安全和防范风险的意识,提高全社会的避险救助能力。"然而,这部法律并没有对何为社会动员进行清晰的界定。

在长期的革命与建设过程中,我们党和政府一贯注重通过政权组织来发动群众、组织群众,积累了丰富的战争动员与政治动员经验。但是,应急社会动员与战争动员或政治动员不同。尽管它们均强调宣传、发动和组织社会公众、实现社会力量有效的参与。但是,战争动员或政治动员主要是命令式的动员,是自上而下的动员,是被动的;社会动员则主要强调公众的参与性,是自下而上的动员,是主动的。我们建立应急社会动员机制的目的就是要实现公众被政府动员向公众自我动员的转变。

在西方国家,由于公民社会发育比较成熟,应急社会动员主要是自下而上自发地开展动员。中国是一个政府主导型的社会。我们目前的社会动员实质上是战争动员或政治动员模式的延续,即"由政府对社会动员",而不是"社会的自我动员"。这具体表现为:社会公众自发地组织起来以预防、应对突发事件的动力不足,存在着单纯依赖政府救灾的倾向;除中国红十字会、中华慈善总会等机构外,其他非政府组织在应急管理中的潜能尚没有得到充分开发;政府

在突发事件应对的过程中习惯于采取“大兵团作战”的模式，承担了过于繁重的应急管理任务。

20世纪90年代以来，世界各主要国家的政府开始了公共治理模式的变革。政府组织作为有限政府，不再是管理国家与社会事务的唯一中心。市场、社会力量与政府一起履行管理公共事务的职责。应急管理为社会公众提供的是公共安全服务，其主体不仅包括政府，也包括市场及第三部门。它们彼此之间是一种协商、合作、互动的关系，共同组成一个以应对突发事件为共同任务、以实现公共安全利益最大化为共同目标、以合理分工为基础的网络。

与此同时，随着我国社会的转型，公众的民主意识、参与意识不断得到强化。我们应注意激发社会公众参与应急管理的主动性与积极性，不断增强社会公众自我动员、避险求生的能力。

近年来，我国国防动员体系越来越强调应急功能的发挥。2010年2月26日通过的《中华人民共和国国防动员法》为此预留了接口。例如，其第十六条第二款规定“国防动员实施预案与突发事件应急处置预案应当在指挥、力量使用、信息和保障等方面相互衔接。”但是，国防动员也是一种自上而下发布命令式的动员，其发力点不在于公众自发、有序的参与。

我们认为，“应急社会动员”是指为了有效预防和成功应对突发事件，各级政府充分发挥主导作用，通过宣传教育、组织协调等方式，调动企业、社会力量的积极性，整合全社会的人力、物力与财力等资源，形成预防与应对突发事件的合力。它贯穿于应急管理的全过程。政府、企业与社会力量在应急管理的整个流程中密切配合、相互合作，形成分工合理、合作协商的无缝隙伙伴关系。

在我国对突发事件的分类中，火灾属于事故灾难。对于火灾的预防与处置，我们也要贯彻应急社会动员的理念。所谓的消防应急社会动员，就是指应急社会动员在预防和应对火灾事故中的具体体现。其中，政府发挥重要的主导作用。但是，消防应急管理不是政府的“独角戏”。企业、社会组织、社会公众都要扮演主要角色，与政府形成密切的合作伙伴关系，共同推动消防事业的发展。

二、消防应急社会动员的作用

从世界主要国家的实践来看，在应急管理中，政府所掌控的人力、物力、财力资源巨大，是其他任何机构与组织所无法比拟的。应急管理不能缺少政府的权威与主导。但是，突发事件的危害经常会超出一个社会的承受力，产生严重的后果，使社会正常运行的秩序被扰乱。单纯依赖政府应急经常会导致效率低下、行政成本高昂。例如，美国学者通过对2004年印度洋海啸救援的研究认为，官僚体制决策缓慢，不能有效地利用各种信息。

在消防领域，尽管政府掌握着庞大的消防力量

应急管理四个阶段的动员活动 表1

应急阶段	管理活动	动员活动
减缓	减少影响公众生命、财产的自然或人为致灾因子，包括实施建筑标准、推行灾害保险、管理土地的使用、颁布安全法规等	动员各种社会力量，预先采取措施，消除或减弱致灾因子的影响或风险，如公民志愿者团体对公众进行防灾、减灾方面的宣传教育等
准备	发展应对各种突发事件的能力，包括制订应急预案、建立预警系统、成立应急指挥中心、进行灾害救援培训与演练等	在突发事件发生之前，动员各种社会力量，采取措施，做好灾害响应及后果管理的准备。比如，在社区范围内，公民之间签订防灾互助协议等
响应	灾害发生的事中与事后采取行动以挽救生命、减少损失，如激活应急计划、启动应急系统、提供应急医疗援助、组织疏散与搜救等	在灾害发生过程中或灾害发生之后，调集各种社会力量和资源，立即采取措施，管理灾害的后果，将灾害所带来的损失最小化。比如，利用红十字、红新月组织为灾民提供急救服务等
恢复	既指按照最低运行标准将重要生活支持系统复原的短期行为，也指推动社会生活恢复常态的长期活动，如清理废墟、控制污染、提供灾害失业救助、提供临时住房等	在突发事件的影响得到遏制后，动员社会力量，立即采取措施，使社会情况修复到可以接受的水平。比如，利用非政府组织力量，组织给灾民捐款、捐物，为其提供必要的基本生活条件、对其进行灾后心理干预等

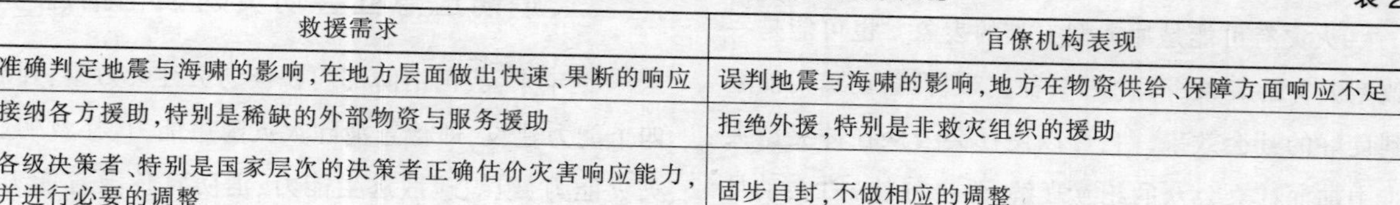

印度洋海啸救援需求与官僚机构的表现[1]

表2

救援需求	官僚机构表现
准确判定地震与海啸的影响，在地方层面做出快速、果断的响应	误判地震与海啸的影响，地方在物资供给、保障方面响应不足
接纳各方援助，特别是稀缺的外部物资与服务援助	拒绝外援，特别是非救灾组织的援助
各级决策者、特别是国家层次的决策者正确估价灾害响应能力，并进行必要的调整	固步自封，不做相应的调整

网络，但如果缺少企业和社会力量的有效参与，在火灾突发、高发、频发的背景下，也难免应对起来捉襟见肘。更有甚者，如果仅仅依靠政府掌控的力量，分散在社会各处的火灾隐患也很难被动态监测、及时消除。具有效应对火灾事故需要调动全社会的力量，发挥群策、群智与群力的作用。具体而言，其主要意义如下：

第一，提高政府的应急水平，增强公众自救、互救技能。现代社会的正常运行高度依赖科学技术，特别是科技含量较高、相互依赖的关键性基础设施。这很容易产生一损俱损的系统性风险，经常超乎政府的预测、控制能力之外。

此外，重大突发事件往往会在导致火灾的同时，造成道路交通等基础设施中断。社会公众如果单纯依赖政府的应对与处置行动，往往会招致不必要的损失。1995年1月17日，日本发生阪神–淡路大地震，25座建筑垮塌或严重受损，3.5万人被困废墟之中。地震发生后，电话中断，交通不畅。其中，2.7万人得到了邻里的第一时间救助，存活率高达80%。自卫队、警察和消防队员救助了8 000人，其存活率不足50%[2]。此外，阪神地震造成城市高大建筑整体垮塌，阻塞消防车通行的道路，使消防队员不能及时赶到火场灭火。社会动员机制可以使社会公众尽快地组织起来，形成自救、互救局面，以减轻突发事件所带来的影响。

第二，平复突发事件不可预测性所导致的应急需求波动，同时确保公共安全效益与经济效益。火灾事故的不确定性决定了政府很难对应急需求做出精确的计算，因为应急需求在常态之下与非常态之下有着较大的起伏与波动。当重大火灾事故骤然降临或急剧蔓延时，应急需求大幅度增加；当火灾事故结束或呈现回落时，应急需求大幅度减少。

出于成本的考虑，一个理性的政府一般不会不计成本地在平时储备过多的消防应急物资、设备等。现代社会的突发事件具有极强的不确定性，人们很难评判何种准备水平能够足以应对重大突发事件、包括重大火灾。如果我们按照“藏富于民”的理念，动员企业和社会力量形成一定的消防能力，这不仅可以减轻政府的负担，也能有效平复应急需求在常态与非常态之间的波动，实现经济效益与公共安全效益的双赢。

第三，将社会消防应急潜力转化为能力。从本质上看，消防应急社会动员是政府资源与非政府资源以火灾预防与应对为导向的整合。有效的社会动员有助于我们将社会应急潜力转化为社会应急实力，并着眼于长远与长效，克服运动式、突击式动员模式的缺陷与弊端。

我们经常说，隐患险于明火。消防应急能力与潜力不仅表现在火灾的扑救上，也表现在火灾的防范中。运动、突击式的动员是不可持续、不能长久的。当消防大检查一过，一切都依然故我。甚至，就是“大检查”本身也存在隐患。根据“海恩法则”，重大火灾事故只是冰山的一角。我们需要更加关注的是潜伏在水面之下的轻微事故和事故隐患。当政府将全部精力关注“冰山一角”时，大量的被忽视隐患开始发酵、升级，导致新的重大事故发生。所以，大检查不是举一反三，而是举一反一。当然，事务繁多的政府很难对火灾事故的隐含保持持久的注意力，社会动员却有助于政府克服这一弊端。

第四，发挥凝聚功能，克服公众的消极心理。西方学者认为，灾难可以分为两种：冲突型灾难(conflict disaster)与一致型灾难(consensus disaster)。两者都是社会扰动性事件。但是，前者的特征是一部分人给另一部分人造成伤害，如骚乱、暴乱；后者的特征是全社会面临共同的压力与挑战,如地震、海啸[3]。

火灾有可能是冲突型灾难的表象，也可能是一致型灾害的表象。不论哪一种灾难,社会动员均能起到良好的社会效果。它可以使社会公众在冲突型灾难中加深社会公众的相互理解、弥合分歧。社会动员可以增强民族的凝聚力,形成万众一心、众志成城的良好社会局面,增进人与人之间的合作与信任,维系社会稳定所需要的情感、道德基础。

上海静安区火灾发生后,社会公众在悲痛之余,也流露出恐慌情绪。一方面,这起火灾增强了公众的防火意识,许多人主动购买消防绳索等防护用品;另一方面,火灾引发了部分人的非理性行为,他们抢购专业消防器材,甚至给自己安装消防升降梯。这说明了消防社会动员的缺失。

第五,增强社会公众的安全意识,实现消防应急管理的关口前移与重心下移。消防社会动员要求我们经常化地开展消防安全教育,增强社会公众的防火意识与风险辨识能力。公共安全教育的主要作用在于向社会公众宣讲、普及公共安全知识,传播公共安全文化,提高他们在紧急状态下逃生避险、自救互救的技能,明确其在应急管理中的权利、义务与角色期待。但是,由于我国目前自上而下的动员模式,消防安全宣传形式上轰轰烈烈,但没有以培养公众良好的消防安全行为习惯为核心,没有实现持久化,没有做到“润物细无声”。

应急管理的最高境界是使将突发公共事件消弭于无形状态。消防应急管理也必须突显风险管理的理念,关口前移,以预防为主。消防社会动员可以调动企业和社会力量参与应急管理的积极性,使其保持对火灾事故的高度戒备状态,降低重大火灾的发生概率。

基层是消防应急管理的关键,更是消防应急社会动员的重点。特别是,社区覆盖方方面面的社会公众,具有强大的向心力和凝聚力。应急社会动员以社区为重点,有助于我们降低消防应急管理的重心,增强基层的应急能力,使包括火灾在内的各种突发事件在萌芽或始发阶段就得到有力的控制,避免其扩大、升级。

三、消防应急社会动员的强化措施

近年来,我国消防部门积极动员社会力量,开展四个能力建设,即检查消除火灾隐患能力、扑救初起火灾能力、组织疏散逃生能力、消防宣传教育能力。这说明,消防部门开始关注基层和社会公众,重视社会消防应急管理能力的提升。为了加强应急社会动员,以下措施至关重要:

1.塑造消防安全文化。宣传教育虽属于“软措施”,但却可发挥“硬作用”。消防应急宣传教育不仅党政机关要抓,学校和各种教育部门、新闻和宣传部门、企事业单位、工会和共青团以及妇联等群众性团体、社会基层组织和家庭等都负有义不容辞的责任。但是,消防安全教育容易流于形式,处于“说起来重要、干起来次要、忙起来不要”的尴尬境地。

目前,消防安全宣传教育的重要性不能仅体现在“11.9 消防日”、“安全生产月”。我们应该以构建具有中国特色的公共安全文化为导向,淡化说教色彩,重在启发社会公众的自觉意识,做到宣教对象有全民性,宣教形式有多样性,宣教过程有长期性,宣教目的要有针对性。同时,我们要调动多种力量,进行消防安全宣教。例如,新闻媒体无偿开展突发事件预防与应急、自救与互救知识的公益宣传。保险公司推行火灾保险后,就会成为自觉的消防安全宣传员。

2.实现消防应急社会动员的法制化。针对当前我国公民社会发展迟缓的局面,我们建议,必须开展相关立法活动,以推动社会力量参与消防应急管理。特别是，我们需要制定一部保障公民结社权利与自由、规范非政府组织活动的《民间组织法》,明确规定非政府组织的基本原则、组织形态、主体条件、权利义务、经费财产、法律责任等,保证非政府组织的依法健康发展。同时,我们还要废除一些行政管理色彩浓厚的法规,减少行政对非政府组织发展的过度管制。

非政府组织的发展空间增大,无组织归属志愿者人数将减少,更多的有组织的志愿者将更方便政府动员。同时,国家应尽快出台《志愿者组织法》等专门性法律、法规,使志愿者组织的行为制度化、规范化和法治化，并对志愿者在消防应急社会动员中的权责做出具体的规定。

3.打造专兼结合、社会动员的消防应急能力。为确保企业与社会力量具有参与消防应急管理所需的基本素质和技能，我们要建立一整套参与消防应急活动资格的认证体系，加强企业与社会消防应急队伍的业务能力。在招募过程中，我们应注重吸收具有专业技能的人员参与，如退役的军人、消防队员、救援人员等。这不仅有助于提高志愿者队伍的专业化水平，降低培训成本，还可以延长应急人力资本的价值链。

同时，政府必须推动消防专业应急力量与企事业救援队伍、消防应急志愿者之间建立长期、有效的沟通、协调机制，构建综合性的消防应急体系，形成协同应急、合成应急的能力。

首先，制定联合消防行动预案。政府应推动专业应急机构与企业消防应急队伍、应急志愿行动协调机构协商，就消防应急管理中各自分工及彼此合作制定预案，便于双方沟通、协调。应急预案应就火灾应对中的物资、装备保障与成本承担等问题达成共识。政府及其有关部门消防应急预案中对相关应急法律、法规中关于志愿行动的规定进行细化，对应急志愿行动的开展作出较为具体的安排。

其次，开展联合培训、演练。为提高企业队伍、社会力量参与消防应急管理的能力、促进彼此间的有效合作，专业消防部门应联合企业应急队伍及应急志愿力量，开展培训、演练。特别是，专业消防救援队伍应在业务上对其他队伍进行指导。

还有，建立社会化的消防物资保障体系。消防应急救援物资的储备要体现四个原则：分散储存，集中使用；规模适度，形式多样；分布合理，方便调用；选址安全，保障供给。值得关注的是，南宁市消防部门与商家签订了联勤保障协议，是实现消防物资保障社会化的重要体现。

4.建立消防社会动员补偿制度。补偿主体是社会动员的主体——政府。一般而言，补偿客体应该包括所有的被动员者，因为当被动员者被调动起来，参与消防应急管理，就一定意味着其在人力、物力、心理等方面的付出和损失。善后补偿要体现公平正义原则、有限补偿原则、财产保障原则，可采用支付补偿金、返还财产、恢复原状、保险等形式。

补偿机制可以通过以下方式得到保障：第一，在应急管理储备金中建立善后补偿专项资金，在政府预算中列出一项，进行动态补偿，支出后再补充资金，保证账户资金的动态平衡。第二，对消防应急社会动员中可能给被动员者造成的损失购买财产、人身、健康保险，通过保险机制来分担风险，降低行政成本。

四、消防应急社会动员的有序性

美国应急管理学家戴尼斯、库兰特利、克莱普斯认为，突发事件发生后，社会将表现出紧急一致性。个人、群体、企业、政府部门和政治领导人通常会齐心协力，共同加以应对。同时，公民角色出现扩张，人们不仅更愿意合作，而且可能参与到各种活动中来，如搜寻被困在废墟下的邻居、向医院运送伤员、给慈善组织救灾捐赠[4]。但是，社会参与有序才能有效，有效才能有力。无序参与不仅无助于突发事件的应对，反而会妨害应急管理活动的正常进行。

为了确保消防社会动员的有效性，政府除了要将企业、社会力量纳入自己的应急体系之外，还必须与其共同编织一个社会动员的网络体系，即应急管理网络，彼此之间形成密切合作、协调的伙伴关系。只有这样，企业、社会力量的参与才是有序、有效、有力的，形成应对火灾事故的合力。

在公共管理中，网络的含义就是指一个有着多个节点(不同的机构或组织)、多重联系(包括正式联系与非正式联系)的管理结构。那么，在应急管理网络中，政府、企业、非政府组织等都是不同的节点，而它们之间存在着各种正式与非正式的关系。"应急管理网络的目标是制定政策、实施计划，在灾害发生时降低脆弱性，减少生命与财产的损失，保护环境，促进多组织的协调。"[5]

应急管理网络形成后，各个节点就会充分地发挥各自的知识、技能与资源优势，为提高突发事件处置的效能服务。当然，应急管理网络正常运行的前提是各个节点对自己所扮演的角色与承担的责任有着准确的理解和把握。其中,政府应急管理部门在其中起着重要的主导与协调作用。政府应急管理部门应该吸纳相关的节点,使企业、非政府组织等熟知自身在应急管理中的权利与义务。

应急管理网络上的各个节点可以通过正式的制度建立经常性的联系,如不同区域可以签订应急互助协议,也可以通过非正式的渠道密切彼此之间的关系。社会资本可以促进应急管理网络的政策运行。作为应急管理的重要协调者,政府应为各个节点之间的联络与沟通创造条件或搭建平台,使得多个组织能够围绕一个共同的目标而协调互动。例如,推动区域、组织、部门之间签订灾害援助协议。

应急社会网络的形成主要取决以下三个条件:"灾前的联系(这使得一个组织熟知其他组织的知识、技能和能力);方便、快捷地共享灾害信息的手段;携手满足应急管理需求的意愿。"[6]

消防应急社会动员应借鉴这个思想,构建全社会参与的消防应急管理网络,并采取以下三个措施:

1.建立企业、社会力量参与消防应急管理的网络。根据我国的具体国情,我国政府应推动中国企业家联合会或企业行业协会,建立"企业消防应急管理网络";同时,依托共青团组织或红十字会组织,建立"社会力量消防应急管理网络"。两个网络各自起到整合企业、社会力量的作用,并制订消防应急能力建设的标准。"企业相仿应急管理网络"建立数据库,动态统计成员企业的物资、装备、产品、技术、救援队伍等情况;"社会力量消防应急管理网络" 对民间消防应急救援队伍的技能、素质等情况进行登记。

2.组建消防应急社会动员协调机构。该机构应给予上述两个网络的发展提供必要的支持和指导,并与其建立定期沟通、联系机制。该机构要在各非政府力量中构建具有广泛代表性的消防社会动员协调员队伍。协调员是下放应急社会动员的联系人。政府消防部门需要对协调员进行专门培训,明确其责任与义务,并定期举行协调员联席会议,会商消防应急社会动员重大事宜,加强沟通、联系。当重大火灾事故发生时,动员需求信息发布后,协调机构应负责核查志愿者资质等相关情况,统一安排、调配志愿者或物资,并履行跟踪、监督的职责。

3.建立消防应急社会动员信息发布系统。重大火灾事故发生后,政府消防部门应快速对应急需求进行评估,并据此发布动员需求信息。对于火灾事故引致的应急需求、志愿参与机会及参与事件所需的技能、保障等,志愿者都不可能通过一般的预警信息和媒体报道,实现准确、全面的了解。信息缺乏使得应急志愿行动开展带有很大的盲目性和无序性,直接制约了其作用的发挥。因此,消防应急社会动员要发挥作用,信息共享是最为基本的前提条件。

参考文献

[1]Margaret B.Takeda, "Bureaucracy, meet catastrophe": Analysis of the Tsunami Disaster Relief Efforts and Their Implications for Global Emergency Govenance, The International Journal of Public Sector Management, 2006, No.19, P.213.

[2]Taiki Saito, Disaster Management of Local Government in Japan, http://www.hyogo.uncrd.or.jp/hesi/pdf/peru/saito.pdf.

[3]David A. McEntire, Introduction to Homeland Security: Understanding Terrorism with an Emeregency Management Perspective, 2009 John Wiley &Sons, Inc., P.32.

[4]David A.McEntire, Disaster Response and Recovery: Strategies and Tactics for Resilience, 2007 John Wiley &Sonsm Inc., P.23-24.

[5]William L.Waugh & Jr., Kathleen Tierney, Emergency Management: Principles and Practice for Local Government, 2007 by the International City / County Management Association, P.60.

[6]William L.Waugh & Jr., Kathleen Tierney, Emergency Management: Principles and Practice for Local Government, 2007 by the International City / County Management Association, P.61.

国内钢铁行业面临的严峻形势与对策建议

任海平

（中国国际交流促进会，北京 100600）

继去年国内钢铁行业出现全面亏损以来，今年上半年形势更加严峻。钢铁行业已成为今年上半年业绩亏损的重灾区，未来钢铁企业将处在一个微利和经营非常困难的境地。为此，要通过积极的财政政策和结构性减税来缓解钢铁企业的困难，保持一定强度的基础设施建设以及房地产等行业的发展；同时要严控钢铁生产总量，加快产业转型升级，加快钢企全面“走出去”的步伐，尽快走出一条中国钢铁行业发展的特色道路。

一、国内钢铁行业今年上半年的严峻形势

继去年国内钢铁行业出现全面亏损以来，今年上半年形势更加严峻。据中国钢铁工业协会对重点大中型钢铁企业的统计，今年一季度，钢铁行业实现利润负10.34亿元，并且由钢铁生产主业亏损变为行业亏损，钢铁业第一次出现全行业亏损。上半年中钢协会员钢铁企业累计实现利润仅23.85亿元，同比大减95.81%。如果不包括非钢产业单看钢铁主业亏损情况更严重，据内部测算，扣除投资收益，钢铁主业上半年实际亏损达13亿元。有专家称，钢厂目前实际盈利状况应该比这些数字还要差，产品销售几乎连毛利也无法维持，绝大多数钢厂都处于亏损中。原本艰难度日的国内钢铁企业开始通过检修等方式控制并减少产量，一些民营钢厂甚至已经开始停产，全行业亏损加剧带来的大面积停产潮已经“一触

即发”。

钢铁企业上市公司的市场表现进一步印证了行业窘境。自2011年以来,33家钢铁企业中,仅有鲁银投资和包钢股份的股价出现了上涨,其余31家则全部下跌,平均跌幅达到了16.7%,跌幅在20%以上的就达到了16家。近日,鞍钢股份发布预亏公告称,其上半年的净利由去年同期的盈利2.2亿元下滑至亏损19.76亿元。

从行业比较看,钢铁行业是今年上半年业绩亏损的重灾区。综合多家行业分析机构的判断显示,今后相当长时期内,经济增长将放缓,钢铁需求的拉动力随之会明显减弱,再加上钢铁产能的严重过剩,钢市从大格局上看将持续低迷,钢铁行业将面临更加严峻的局面。

与此同时,钢铁业三角债也愈演愈烈或波及银行。业内不少人担心这一轮三角债或将比20世纪90年代那次的三角债来得更猛更严重,持续时间更长。近日公布的数据显示,目前全国70余家大中型钢铁企业的应收账款达到500多亿元,应付账款超过3 000亿元,同比增幅与去年同期相比均上涨了10%以上。此外,这些钢铁企业还有超过1万亿元的银行贷款,部分钢厂要想继续获得贷款已经很难。

二、钢铁行业步履艰难的背景与原因

目前国内钢铁行业面临的最大困难在于,一方面经济下行,下游行业增速明显放缓,钢材需求疲软,出现供大于求的不利局面;目前,用钢量最大的房地产行业依旧面临比较严厉的调控,主要机械产品产量已经连续出现环比下滑,汽车产销量增速已回落到零增长附近,主要家电产品产量也连续环比下滑。从整体上看,下游各主要用钢领域的发展前景均不乐观。另一方面,铁矿石、煤等原燃料价格处于高位,钢厂承担着巨大的成本压力,降成本面临巨大困难。此外,企业还面临融资成本高、资金紧张的双重压力,据中钢协统计,会员钢铁企业上半年财务费用支出同比已上升了37%。钢厂的利润空间已经非常小,部分产品质量竞争力不强的中小企业甚至会发生崩盘垮掉。

钢价与矿价的高关联度近年来一直是影响钢厂盈利能力差的主要原因。2011年全年国内综合钢价同比上升了9%,而同期进口铁矿石价格同比上升了36%,这种情况在今年上半年依然存在。鞍钢股份近日发布公告称,公司在2012年1月1日~6月30日报告期内,实现归属于上市公司股东的净利润亏损19.76亿元,基本每股收益约–0.273元。去年同期,上述两个数字分别为盈利2.2亿元和0.03元。鞍钢分析称,其利润同比大幅下滑的主因是“钢材销售价格比上年同期下降12%以上”,是钢价大跌导致销售利润大减。因此亏损的不止鞍钢一家,还有多家上市钢企均报亏损,只是鞍钢亏损最为严重而已。首钢股份和凌钢股份的中报亦分别预亏超2亿元,此外,沙钢股份、三钢闽光、武钢股份等钢企的业绩下降幅度也都超过50%。虽然宝钢股份中报预增80%~100%,但也并非主业给力,而是得益于公司出售不锈钢、特钢事业部相关资产和股权后承担亏损减少、出售标的总评估价值较账面价值的增值以及对降低公司财务费用的贡献。其实亏损并非只是钢价下跌导致这么简单,在前些年钢铁行业利润非常可观的时候,即使钢价每吨下跌几百元也不会影响钢铁行业盈利。只是近两年来,原料成本的不断增加,挤压钢厂利润,钢价一下跌,钢厂就受不住了。值得注意的是,钢厂亏损加剧终于撼动了坚挺的矿石价格。近日港口62%铁矿石价格已经跌破每吨120美元大关,市场悲观情绪正在持续蔓延,不少贸易商受到资金压力已经开始低价抛货,受此影响铁矿石价格下跌的信号更加明显。许多贸易商称“这是自2008年金融危机以来最难熬的日子”。

产能过剩一直是困扰国内钢铁业甚至国际钢铁业的一个重大问题。近日国际钢协公布全球62个主要产钢国家和地区2012年5月份产钢1.31亿吨,同比增长0.7%,产能利用率为79.6%。国内钢铁产量从2002年的1.82亿吨到去年的6.83亿吨,

10年时间增长了275%。国内如果按照9亿吨以上的产能计算，按5月份粗钢日产水平，产能利用率也不足80%。

尽管全球钢企目前日子都不太好过，但国内钢铁行业的一些特有问题却令整个钢铁业的困境“雪上加霜”，始终难以好转。国内钢铁行业目前最大的症结就是对产能控制不住。比如，明明知道钢铁产能过大，但对民营钢厂的无序发展各级政府采取非常宽容的态度，这跟地方利益有很大关系，各个地方都认为只有做大，才能够赚钱，实际上最终的结果是自相残杀。今年上半年，市场低迷的同时国内中小钢厂的粗钢产量却不降反升，进一步加剧了产能过剩的压力。据统计数据显示，上半年全国共生产粗钢3.57亿吨，同比增长1.8%，同期中钢协会员企业粗钢产量同比下降0.1%，同比减产31万吨，74家会员企业中有33家企业产量同比下降。但非会员企业产量却大幅增长了12.9%，也就是说今年以来的新增粗钢产量全部来自非会员的地方中小企业。

目前整个钢铁行业产能过剩和大部分企业都出现全面亏损的事实说明，随着钢铁行业黄金期的终结，整个行业需要面临的将是长期寒冬的考验。有专家称，钢铁业寒冬至少要持续5年时间，从国际国内宏观经济形势和市场需求分析预测看，钢铁企业将处在一个微利和经营非常困难的境地。国内钢铁企业务必要做好迎战困难和长期“过冬”的思想准备。

三、钢铁行业扭转困境的对策建议

(一)要通过积极的财政政策和结构性减税来缓解钢铁企业当前的困难。

比如对企业节能减排、淘汰落后、以产顶进、兼并重组等工作给予财政支持和税收优惠，并且对国内矿山开发等给予必要的减免税政策，并免交各种基金和收费等，进一步降低企业融资成本。同时，保持一定强度的基础设施建设以及房地产、城市轨道交通、高铁、公共服务设施建设的发展。

(二)控制钢铁生产总量，加快产业转型升级。

严格控制产能过度集中地区的钢铁总量，以减缓市场供需矛盾，避免恶性竞争，提高企业效益，并通过加快推进钢铁产业结构调整的步伐，促进行业由规模型发展向质量效益型发展转变。大型钢铁企业应积极主动抓住发展的战略机遇，加快联合重组的步伐，通过提高行业集中度以改变行业竞争过于激烈的局面，增强企业对市场的掌控能力和企业体制机制上的活力。结合淘汰落后和兼并重组、城市钢厂搬迁，实施减量控制，实现资源优化配置和专业化分工，合理调整钢铁产业布局。同时，要有一个退出机制，不能再补贴亏损企业，该关门就关门。如果国内钢铁市场调节机制依然不能有效发挥作用，该停产的不停产，该倒闭的不倒闭，不能有效控制产能，钢企效益就难以从根本上好转，钢铁业未来的形势就难以乐观。

(三)钢铁企业可探索进一步延伸钢铁产业链，实现向综合服务商角色的转变。

钢铁行业在向下游延伸产业链的过程中，应努力实现自身由钢材生产商向综合服务商的角色转变。一方面，要实现产业战略对接。加快钢铁企业与战略性新兴产业、能源资源行业、国家鼓励支持的行业和市场成长性好的行业的需求对接，了解重大工业项目建设及相关行业对钢材产品的需求，与重点用户结成战略伙伴，签署钢材长期供应协议。另一方面，要积极发展精深加工产业，采取控股、参股等方式建设钢材精深加工中心，加快品种结构优化，重点开发高端钢材产品，提升产品技术含量和附加值。

(四)适度发展“非钢”产业。

目前，包括宝钢、武钢、鞍钢、河北钢铁集团等大型企业都已经把发展“非钢”产业纳入到发展的重要战略层面。宝钢“非钢”产业虽然收入远不及钢铁主业，但是利润贡献较高，2011年的利润贡献率达到了50%。武钢准备花大资金建万头养猪场和杀入电子商务领域。武钢规划“十二五”期间将有1 100亿元产值来自非钢产业，占总产值的30%以上，但其涉足养猪业引发的争议也很大。鞍钢注重"多角化"发展，即围绕钢铁主业，伸出一条条触角。如围绕钢铁生产的上下游链条发展新产业，一来降低原材料成本，二来提高产品附加值。马钢提出要做好新兴产业与现代服务业的资本运营，其中包括进军物流产业，发展国内外贸易和物流运输业。但"非钢"产业要具体问题具体分析，不可盲目进入不熟悉的领域，自己的主业都搞不好，搞其他的岂能搞好？总得来说，非钢产业不可能成为扭转钢企困局的一个主要措施。

(五)加快钢企全面"走出去"的步伐。

要将钢企走出去纳入国家对外经济发展战略，制定鼓励政策。研究出台更有针对性的支持企业加快境外资源掌控开发的政策并尽快实施，为"十二五"后期境外矿产资源开发取得成效创造有利条件。加快研究把美元储备和美元债务逐步转换为有实力企业实施走出去战略的国际投资和国际采购。

(1)支持钢铁企业建设国外资源基地。抓住国际金融危机和欧洲主权债务危机带来的市场机遇，进一步扩大境外资源合作，鼓励和支持国内钢铁企业在控制风险的前提下积极参与国际铁矿石资源的合作勘查开发，通过并购、参股等多种方式在国外建设铁矿、焦煤、锰矿、铬矿等资源基地，提高海外权益资源供应量比重。支持资源开发、钢铁产能布局、基础设施建设一条龙的产业链捆绑模式"走出去"，并统一协调，使国内企业形成合力共同"走出去"。

(2)探索在境外建立钢铁生产基地。目前国内钢铁企业走出去，多半还是以获取矿产资源为主。仅对上游原材料的掌控并没有全面完成钢铁企业"走出去"的目标，应充分认识由产品出口向产能出口过渡的重要性，兼顾铁矿石和钢铁生产两个目标。在国内钢材产能扩张难的情况下，钢铁企业可在国外铁矿石生产基地投资配套的钢材生产线，用国际化的生产经营满足未来国际钢铁需求增长。这也有利于得到所在国当地政府的合作与支持，提高中国钢铁企业合作双赢的经济规模。以鞍钢、武钢、首钢为代表的钢铁企业近年来已开始尝试海外建厂，积极探索建立海外生产基地，这是国内钢铁产业今后发展的一个重要方向。要加快整合政策资源，形成政策合力，支持有条件的钢铁企业到国外建设钢铁厂，或参与国外钢铁企业的并购重组，通过实施国际化经营，探索在境外建立钢铁生产基地，提高自身的盈利能力和抗风险能力，并在条件允许的情况下逐步提高钢坯从境外的生产回销量，减轻钢铁工业对我国资源环境造成的压力。

(3)加强多行业合作和战略协同。国内钢铁企业到海外投资开发铁矿石、焦煤等资源，涉及金融、物流、港口、铁路、海运等多个环节，与以上领域的国内和国际企业组建战略联盟，不仅可以降低海外投资成本，还能形成"走出去"的合力，实现优势互补、合作共赢。要引导国内钢铁企业适应国际市场环境和交易规则，借助战略联盟等组织形式，通过多种渠道、多种方式走出去。同时，要认真总结近些年海外收购矿石资源和运营管理等方面的经验及教训，加强企业之间的沟通、交流与协作，避免恶性竞争与资源浪费。要改变以往"自我投资、自主建设"的发展模式，加强企业与商业银行、投资银行等金融机构的合作，充分发挥资本市场的作用，根据项目特点和资金需求，采用更为灵活的融资方式，降低企业财务风险。要积极吸收国内外先进技术和管理经验，采用外委专业化公司承包等国际通行管理方式，降低矿石开采及物流成本。要加快钢铁企业的国际海洋运输产业链发展。目前国内铁矿石海运市场仍然操控在国际海运集团手中，这是钢铁产业链的最薄弱环节。把钢铁企业、海运企业通过产业链利益整合形成的一体化发展机制，有利于减少国际铁矿石海运市场价格震荡，稳定铁矿石价格。总之，有效地规避市场风险，发展多元化思路，面对低需求的时代到来，中国的钢铁行业总会走出自己的特色道路。

提高国有控股公司依法治企水平

陈德有

(中国海外集团有限公司，香港)

中国共产党第十七次全国代表大会特别强调要“全面落实依法治国基本方略，加快建设社会主义法治国家”。围绕如何加快建设社会主义法治国家的主题，我们党作出了科学而又全面的回答。2004年以来，作为“共和国的长子”，各中央企业在国资委的领导推动下，紧密结合本企业改革发展实际，按照“建立机制、发挥作用、完善提高”的总体思路，连续实施提高国有企业法治工作水平和能力的三个“三年目标”，以法律风险防范机制为核心，以总法律顾问制度为重点，以法律管理规范化、系统化、信息化为手段，着力打造能与国际大公司相抗衡的法律软实力，企业法治建设方面取得了巨大的成就。

尽管如此，对比世界一流企业法务工作，我们部分企业仍然不同程度的存在忽视法律竞争的意识，在国际经济竞争中运用法律这一根本手段依法维权的能力尚待进一步提高，为培育世界一流企业提供法律保障的能力仍显不足，“建立现代公司制度”、“国际化”战略实施的深度和力度与我们企业实际的法治能力和水平仍存在较大的落差。如何尽快提高以缩小这样的落差？笔者认为，完善公司治理、进一步发挥公司律师的作用、建设合规文化是提高法治能力的不二路径，需要我们在对国有企业进行现代公司制度改革、实施“走出去”战略时认真考虑和重点解决的。

一、公司与现代企业制度

世界经济走过的历史和中国三十多年的改革实践提示我们，公司作为市场运行中的不可缺少的角色，作为一种组织、一种制度、一种文化，已成为中国参与世界市场竞争的核心载体。作为迄今为止最为广泛高效的经济组织形式，公司被看作是“人类的成就”。而在各种公司形态中占主导地位的股份有限公司的诞生，被认为是近代以来最重要的商业创新。它集合资源、分散风险，它跨越血缘、地缘，凝结起个体生命的能量，开启了人类经济生活乃至现代文明的新篇章。

公司管理的历史演变进程。个人驱动(家族式管理)的公司，是公司管理发展的初级阶段，性质是个人掌握一切，注重个人经验和能力。随着公司管理重点逐渐从“老板”向“经理”转移，建立在组织体制基础上的职业经理人的出现成为企业管理的主角。而只有依靠组织和体制才能将公司发展得更加精密、更加成熟、更加庞大。

管理学家钱德勒认为，当一个企业的高层和中层皆为领取薪水的经理人员所控制的时候，便可恰当的称之现代企业。现代企业的出现既是公司自身发展的需要,也是现代市场经济发展的需要。

股份公司是典型的现代企业。股份公司除了要进行生产资料交易、劳动力交易、资本交易及地产交易等这些普通常规交易以外，还必须进行另外两种要素的市场交易,即股票交易和经理人交易。

通过股票交易，形成了新的社会化资本——法人资本；通过经理人交易，形成了专业化的管理群体——经理阶层。为了降低股东大会的决策成本,股东大会交由公司董事会代理处分法人资本。董事会在保留法人产权的前提下,将日常经营权让渡给了经理层,企业管理重心也就从老板转移到了经理层。由此,股份公司内部形成了以所有权、法人产权、经营权三权分立为特征的制度安排。这就是现代公司治理结构的基本框架,也是现代企业制度的核心内容。

1993 年中共十四届三中全会作出了《关于建立社会主义市场经济体制的决定》,提出建立现代企业制度,并且将我国现代企业制度的特征概括为“产权清晰,权责明确,政企分开,管理科学”16 个字。1999 年中共十五届四中全会作出了《关于国有企业改革和发展若干重大问题的决定》,提出“公司制是现代企业制度的一种有效组织形式”,同时指出“公司法人治理结构是公司制的主要实现形式”。2003 年中共十六届三中全会作出了《关于完善社会主义市场经济体制的决定》,提出“使股份制成为公有制的主要实现形式”。当代中国企业的公司化进程虽然不到 30 年,但我们已经有了完整的思路、清晰的理念。随着 10 年来中国加入 WTO 和国有企业改革的深入,中国国有企业自己的企业制度革命正在中国大地上兴起,并昂首“走出去”,逐渐融入世界经济。

二、完善公司治理制度

2001 年 11 月,庞大的美国安然公司轰然倒下,其后暴露的一系列欺诈活动将公众对大公司职业经理人的信任彻底击碎。紧接着,美国的世界通信、雷曼兄弟,欧洲的帕玛拉特等,这些曾经如日中天的大公司一个接一个地出现诚信危机。人们开始质疑：“谁为公司最终负责”？这也是对公司相关利益主体之间关系的质疑。迄今为止,任何一种治理结构都没有完全解决所有者和经营者因为利益不一致而产生的“委托–代理”问题。经理人的道德风险由此产生,“内部人控制”成为公司治理新的隐患。公司需要更多外部力量的牵制已形成共识。

在重新寻找责任人的时候,人们总结出来,可以挑选、可以评判、可以撤换管理者的现代公司制度,依然是迄今为止最可依赖的纠错、校正系统的提供者,因为“制度总比人更靠得住”。世界上从来没有尽善尽美或一劳永逸的制度安排，每一种选择都有成本和时效。对任何组织来讲，当旧的权利平衡被打破、信任被逐渐折损,唯一的办法是求取新的平衡,建立新的信任，实施手段则是通过更好的职业经理人和风险管理者实现这一目标。

国务院国资委成立以来，国有企业经历了破产脱困、主辅分离、党管干部与市场化选拔国有企业干部有机结合、国有独资企业董事会试点、强化突出主业的战略管理体系、缩短管理链条的母子公司的集团管控模式、建立基于市场化手段的业绩考核与分配制度、强化全面风险管理的制度安排等一系列改革,初步建立了基于现代产权制度的现代企业制度,公司治理水平得到了巨大的提升。伴随着我国改革开放的进一步深入,尤其是在中央要求企业加快“走出去”步伐,立足全球配置资源,逐步实现战略、运营、管理全球化的背景下,在解决国有企业“大而不强”、提高法律竞争软实力等问题上,公司治理水平的完善,仍然发挥着不可替代的基础性作用。

公司治理的根本在于权力的制约和制衡。经过近百年的实践发展，现代公司治理的内容已形成基本范本,并大多以立法的形式予以规范化、强制化,一些基业长青、“最受推崇”、“最受尊敬”公司的经验做法也成为其他公司竞相学习的榜样。

目前央企的公司治理改革总部层面由国资委推动,已经取得突破,而其内部尤其是对其二级机构的公司治理改革,正在进入深水区,有一些改革攻坚任务由于久拖不决逐渐成为老大难问题，如子上市公司和母公司关系、人员配置等,这些改革涉及国企内部比较重大的利益调整，困难和阻力比较大可以预见，不仅都需要勇气，更需要智慧。小修小补，在改革进入深水区、风浪区、礁岩区时，显然已经不能够适应改革的需要，这就首先需要顶层设计，做好总体规划，然后由上而下进行强力推动，只有这样才能取得实质性进展。

做好顶层设计总体规划，要体现全局的整体的利益，首先要排除既得利益群体的干扰。比如，不能由既得利益部门自己来设计本部门的改革方案，或者改革方案必须获得本部门同意才付诸实施，因为这样很难调整既得利益格局，从而难以推进实质性改革。当然，在设计改革方案是可以听取有关部门的意见，并吸收其合理建议，但是不能让利益中人左右改革方案和实施。所以顶层设计很重要，因为顶层设计最能够体现整体利益，高屋建瓴，群策群力，集中各界智慧，制订出比较合理和可行的改革方案和规划。

其次，顶层设计不仅需要提出改革的目标，还要提出改革的路线图。需要顶层设计的都是重点领域和关键环节的改革，都是需要攻坚的改革，而且也都不是短时间毕其功于一役就能实现的改革，故不仅需要顶层推动，打破既得利益群体的阻挠和干扰，而且要稳步推进，明确时间和目标节点，配套调整也要跟上。

第三，顶层设计除了内容设计外，还要注重程序，注重规则的建立。只有有了规则，组织的决定才能够协调一致、前后统一，不会随着领导人的反复无常而反复无常，也不会被某些人的强词夺理所操纵左右。对于一个严肃的组织–公司治理结构来说，必须时刻维护自己的秩序、尊严和规范(托马斯·杰斐逊语)。

1.董事会、附属委员会、附属委员会之秘书部门

(1)董事会。董事会应该是公司投资经营管理的最高权力结构，虽然其成员是由一年一次的股东大会选举产生。其成员由代表小股东利益的独立非执行董事，和大股东委派的执行董事和非执行董事组成。执行董事数量尽可能的缩小为上，其数量低于独立非执行董事或/和非执行董事的数量为有效解决内部人控制问题的手段之一。

董事会为公司治理的架构核心，负责领导公司的发展、确立其战略目标及透过制定公司整体策略与政策，确保公司能获得必要的人力、资金和其他资源已实现既定的战略目标；负责公司的公司治理及合规事务，并保证股东、客户和员工的利益；此外，董事会亦需负责对管理层的工作作出全面监督及检讨业务表现，对公司经营提供策略指引，给予管理层高层指引和有效监控。

董事会只能在章程授权的范围内通过表决的方式行事。除非公司章程由明文授权，公司再另行设立“执行董事会”是不妥的；任何人也无权以“董事会”的身份行事。内部结构多重的董事会影响效率是小问题，更大的后果是损害公司治理。

在此，笔者强调的是董事会成员的构成，即成员专业背景、利益代表多元化应该是董事会的组织原则。董事会是决策机构，有来自不同的声音，不仅可以使得决策结果更加全面，反映实际情况；也易于形成共识，便于决策的推行；也就真正有人愿意为这些决策负责。对企业来讲，像人力资源管理、财务管理的工作很重要，董事会中应有其代表，但也不能矫枉过正，数量上应有控制，一名即可，不能滥了。笔者曾了解一间地产上市公司董事会，四名执行董事中，有三名为财务人员，可以想象，该公司治理薄弱的背后，董事会组成人员方案设计者有多少难以言明的苦衷。

(2)董事长

董事长在公司治理中起着重要的作用。为避免使权力集中于一位人士，公司董事长及总经理应分别由两人担任，两者之间分工明确并应在董事会的职责约章中做出明确规定。简而言之，董事长负责确保董事会适当地履行职责，贯彻良好公司治理常规及程序；此外，作为公司董事会的主席，董事长亦负责确保所有董事均适当知悉当前的事项，及时得到充分、完备、可靠的信息。而总经理则负责领导整个管理层，推行董事会所采纳的重要策略及发展战略。

(3)董事会之附属委员会

依据实践需要，董事会通常会设置各附属专业委员会,以有利决策。各附属专业委员会成员通常有独立非执行董事或非执行董事担当，非董事会成员无资格担任；而执行董事并不应该主导各专业委员会,因为对于执行董事来讲,信息已经足够,而董事会设置专业委员会的目的是需要增加更多的外部的监督力量,以防止内部人控制。

对于公众公司来讲，根据国际通行有关公司治理最佳管理的要求，审核委员会、提名及薪酬委员会、公司管治及合规委员会等三个委员会通常为必设,虽然名字、职能可能会有所不同。另外,对于战略、预算、公共责任等方面,各公司董事会可以根据情况设置。

董事会之附属专业委员会从属于董事会，只能向董事会报告工作,并没有独立行使的权力,其权力仅来自董事会的授权。委员会成员的独立判断对于监控公司的运作及落实公司管治标准非常重要,各委员会均有其各自所获之授权并需按照指定职权范围运作。所有委员会要将其决定、调查结果或建议向董事会报告。

(4)董事会之附属委员会之秘书部门

董事会之所有附属专业委员会均应获得指派的专业秘书部门支持,像审核委员会、提名及薪酬委员会、公司管治及合规委员会等三个通常必设的委员会的秘书部门为公司财务部、人力资源部、法律部。设置委员会之专业秘书部门的目的是为了确保有关委员会有足够资源,使其能够有效及恰当的履行职责。

董事会之附属专业委员会之秘书部门这种机构设置在国际上已普遍适用,笔者认为,应该推广,有利于防止内部人控制的公司治理弊端。

三、法律、公司律师

1.法律

真正的法律是对任何人都不带任何感情的,其哲学思想基础是西方的人性本恶，人人都被视为是潜在的违法者，而不是东方中国孟子主张的人性本善;大家生来都是好人。法律是道德的底线。守法的人就是抱有道德底线的人。

法律不仅是一门“艺术”,也是一门技术。它体现为制度的设计和安排,将经济生活、社会生活的运转制度化、规范化,在这个意义上也可以说法律就是一种秩序。作为一门专业,法律注重从法律程序和证据入手,有其本身特有的规律、方法和理念。

法律的最高理念是公平,核心即是利益均衡。现实的讲,就是讲究个人权益与个人权益、个人利益与个人利益、团队利益与团队利益、阶级利益与阶级利益、国家利益与国家利益之间的某种相对的平衡;强势者应该抑制和平衡。强势包括权力的强势和资本的强势。权力的强势要通过程序约束其权力,通过分权和监督抑制其权力滥用；资本的强势要通过利润上缴和其他制度抑制其过度膨胀。

2.公司律师的作用

公司律师是法律职业者的组成部分，其法律的专业性是从事公司法律工作的基础。不论是从事何种法律职业,法官、政府律师(包括检察官)、社会律师、公司律师(亦称企业法律顾问),都必须具备一定的法律专业知识和实践经验，非专业法律人才难以胜任。经过专业法学院系统法律教育、通过法律职业资格考试、持有法律职业牌照是从事法律职业的最基本的必要条件。

一家典型的国际化公司，其公司律师的角色一般是明确的：公司律师是公司经营业务的法律顾问；是公司的规章、制度、政策、策略的制定者和审查者；是公司规章制度和遵守法律的监督者;是法律、争议纠纷的解决者;是涉法行为或业务的审查者;是各部门经营管理的协调者；是新法律法规的信息提供者；同时,也是公司形象的保护者。单单以“诉棍”来评价公司律师是远远不够的。角色的确定,也决定了其职责范围也是非常广泛的,即凡企业具有法律含义的行为均为企业法律顾问的职责范围。主要包括:参与企业董事会和经营层决策、合同管理、法务战略、知识产权保护、诉讼或仲裁业务、外部律师事务所管理等。

公司通过公司律师作用的发挥来提高企业法治水平是有成本的,一方面有管理费用支出的增加,另外，工作流程、注重规则等方面的调整，势必会对决策执行效率产生一些影响，在所难免。

通过公司律师来提高企业法治水平是与企业的发展阶段紧密相关的。具体讲，就是由因企业处于不同发展阶段而其法律风险程度、企业法律事务量及管理成本（即应对企业法律工作业务量时外聘社会律师的投入与公司维持专业法律机构的成本之对比）、企业内部涉及商业秘密业务的多寡等因素所决定。超越发展阶段而大量使用公司律师将影响公司的收益，也浪费律师资源；而当企业已经实现跨越式发展，而若仍固守所谓传统做法，必将给企业带来灾难。

市场经济在西方社会已经运行数百年，其优势发挥和缺陷表现已历经数十个轮回。作为市场经济中的最活跃的主体——公司的代表百年老店集团企业，遵循着一条基本的产业发展脉络，也就是进行着“劳动密集型产业–资金密集型产业–技术知识密集型产业”这样的一条“产业演进”道路。中国内地 2000 年加入 WTO 以来，市场经济的法则已在社会经济生活中发挥着越来越重要的作用，有限政府、法治社会将成为大陆发展的方向，逐渐脱离政府保护或行业垄断地位的企业集团们也正在主动或被动的适应着市场经济规律给他们带来的压力，也必然踏上西方发达国家百年老店企业们曾经走过的路，不同之处仅在于源自中国大陆的集团企业在每个发展阶段停留时间的长短不一。

企业法律工作不是企业的中心工作，而是围绕企业中心工作服务的业务，不同发展阶段、不同行业对法律服务的需求程度不同，相应地专业法律人员对企业中心工作的支持和发挥作用的机制也不尽相同。作为传统产业为主业的企业集团，其企业法律工作也有一般的发展特征。详见表 1。

中外百年老店的发展实践已经证明，企业法律工作随着企业发展阶段的不同而表现出不同的寻求公司内外法律服务方式：

①在生产制造阶段，企业的中心工作是产品生产或项目管理，企业面临的法律风险程度相对低，企业法律工作业务量小且简单，日常基础业务多由非专业法律人员承担、必要时（主要表现为涉及诉讼

传统产业百年老店企业特征及法律工作特点 表 1

发展阶段	企业主要表现及特征	企业法律工作特点
第三阶段：技术知识密集型/服务型	规模庞大，股权架构复杂	专业法律人员的声音体现在公司决策及日常经营管理的各环节；企业法律工作以公司律师为主导、外部社会专业法律人员为辅助；公司法律工作细化为法律和合规两个独立系统，并形成制衡
	并购重组成为企业增长的主要方式，子公司售卖、破产清算成为企业资产清理的常见手段	
	跨域经营，企业竞争力主要体现为整合跨域资源的能	
	投资多元化，多涉足金融领域，产融结合	
	资源配置、研发服务出利润	
	影响甚至参与行业规则的制定是企业管理的核点	
	管理层具有跨域投资经营视野，构成多元化、专业化	
第二阶段：资金密集型/经营销售型	规模扩大，主业向上下游延伸	设立独立的专业法律工作机构，法律服务工作由内部公司律师和外部社会律师分工共同承担，属于内外并重阶段
	融资渠道上，利用资本市场进行股票融资和债券融资	
	销售导向型，管理上以产品销售为中心	
	产品销售出利润 品牌管理是企业管理的核点	
	融筹资人员、销售人员进入管理层	
第一阶段：劳动密集型/生产制造型	规模小，业务单一	多内设法律事务部门，主要通过外聘社会专业律师寻求法律服务支持，企业法律工作以寻求外部专业法律服务为主 资金来源单一，主要为银行贷款
	管理上以产品生产为核心，生产导向型	
	车间/项目管理出利润；品质管理是企业管理的核点	
	工程师治企为主要特色。会计师位列管理层	

时)外聘社会律师的工作形式足以应付,即所谓“平时自己做,有事请律师”的工作形式。这个发展阶段的企业通过外聘社会律师寻求法律服务支持成为企业法律工作的主要特点,企业根据生产规模的大小、法律事务量的多寡决定是否在内部设立法律事务部门。

②随着企业规模的扩大和主营业务向上下游的延伸,进入资金密集型/经营销售型阶段的企业的中心工作已由生产主导转向了销售主导,面临的法律风险随之增加,日常企业法律业务量也在扩大。加上这个发展阶段的企业纷纷寻求资本市场融资,资本市场对企业合规性的要求也在提高,这样,企业内部由专业法律人员逐步替代非专业法律人员从事企业日常法律事务是该产业发展阶段企业的选择。在这个企业发展阶段,受企业经营规模、法律风险的限制和日常法律事务量的影响,以及平衡企业内外法律服务的成本考虑,处于经营销售阶段的企业集团法律工作多采用内外法律服务力量并重方式,即包括基础工作在内的日常法律事务工作由企业内部独立专业的法律机构承担,专业性强或涉他法域业务倚重外部专业法律机构提供法律服务。

③进入服务型发展阶段的集团企业,其管控方式、盈利模式与生产制造、经营销售阶段的企业大大不同,已不是简单的“数量上的扩大和缩小”和“重复”。随着投资经营规模的扩张、管理控制的复杂,企业面临的法律风险剧增,客观上需要更多、更系统地专业法律服务。日常法律事务量增加,企业法律风险的提前预防,使得倚重成本高昂的外部社会法律服务力量已不现实,壮大企业内部专业法律机构力量、建立企业内部法律机构职能发挥机制、发挥内部专业法律力量对企业发展的基石作用,是服务型阶段集团企业的通行做法,因为唯有此,才能“降低企业犯错误的成本,减少失败的概率”,提升企业的价值和核心竞争力。专业法律服务对服务型集团企业来讲,如同武装斗争支持中国革命胜利一样。没有足够力量的专业法律支持下的投资,如同赌博,只能是“无知者无畏”,其结果往往轻则达不到投资目的,重则投资血本无归,甚至连累公司整体的生存。同时,为限制权力膨胀的法律工作部门,处于服务型发展阶段的集团企业的法律工作往往又被细化为法律和合规两个独立系统,并形成制衡,同时各自向最高决策机关报告工作。

如何保证公司在追逐利润最大化的同时,回避或缓释法律风险,这也就是为什么众多公众公司不管处于何种发展阶段都要在内部维持一支专业法律团队的原因。

四、倡导合规文化建设

公司治理的未来在于协调股东、管理层、监督者、员工、客户、社会以及自然环境等相关利益方的关系。完善的制度是促进企业健康运行的重要缓解,但是,制度并不能解决所有问题,比制度更重要的是价值观,即企业文化的问题。

许多公司法治水平低下的公司,其内部往往并不缺乏制度,也不缺乏公司律师,而是缺乏容忍公司律师发挥作用的土壤。更有甚者,“有条件地、有选择地”运用法律手段,利我者行,不利我者抛。而提高法治水平的基础在于公司全体员工,故必须动员和组织全公司上下的力量。没有全公司上下将合规、法治的精神内化并体现出来,法治就缺乏心理依据,更无法转化为全公司的行为而受到应有的重视。建设合规文化自然应该也是提升法治水平的重要组成部分。

财政部、证监会、审计署、银监会、保监会等五部委于2008年印发了《企业内部控制基本规范》的通知。通知中第三条规定“内部控制的目标是合理保证企业经营管理合法合规、资产安全、财务报告及相关信息真实完整,提高经营效率和效果,促进企业实现发展战略”,明确提出了“合理保证企业经营管理合法合规”是内部控制的第一目标。同时,也强调了合规文化建设的重要性,并在十八条中提出了明确的要求,“企业应当加强文化建设,培育积极向上的价值观和社会责任感,倡导诚实守信、爱岗敬业、开拓创新和团队协作精神,树立现代管理理念,强化风险意识。董事、监事、经理及其他高级管理人员应当在企业文化建设中发挥主导作用”。

2000年2月，美国出版了一本《百万富翁的智慧》,该书对美国1300位百万富翁进行了调查,在谈到为什么能成功时，被调查者普遍把诚实守信守法摆在了第一位。中国有关方面也曾对3 192位企业经营者进行了问卷调查,结果显示,大多数企业经营者认为诚信、守法和创新是企业家最重要品质,最不认同的是失信、违规经营、贪婪、妄自尊大、自私自利等行为。

中外企业经营者都把诚实守信合法放在企业家品德的第一位,绝不是偶然的,因为诚信守法是开展商业活动和市场交易的基础。公司内部要树立法律至上、诚实守信、合规经营的法治理念。合规文化应该成为企业文化的重要内容,同时,合规经营也应纳入公司考核体系中。

五、中国建筑法治能力建设

中国建筑工程总公司组建于1982年,是中央直接管理的国有重要骨干企业,以房屋建筑承包、国际工程承包、地产开发、基础设施建设和市政勘察设计为核心业务,是不占有国家大量资金、资源和专利,以从事完全竞争行业而成长起来的国有企业。2007年12月中建总公司整体改制,联合中石油、宝钢、中化共同设立中国建筑股份有限公司,并于2009年7月成功在A股上市,融资502亿元,当年实现营业收入2 618亿元,利润总额128亿元,进入央企利润过百亿俱乐部。

近年来，中国建筑企业法治工作在国资委的指导和帮助下,紧密围绕集团战略发展目标,以健全完善法律风险防范机制为核心，以全面建立企业总法律顾问制度为重点,加大工作力度,公司治理、法律管理工作、合规文化建设等皆取得了重大进展。

1.公司治理方面

中国建筑重组整体改制以来,严格遵照证监会要求,并遵循最佳公司治理范例,公司治理取得了长足的进步。2012年5月19日,经过社会推荐、评委会初审、公众投票、评委会终审等评选环节,坚持战略引领发展和业绩创造价值的中国建筑董事会荣获“最佳董事会奖”,成为建筑行业上市公司唯一上榜企业,董秘孟庆禹先生也同时获得最具创新力董秘奖。中国建筑的公司治理获得了社会各界的认可。

2.法律管理工作

2002年3月中建总公司被国资委确定为企业总法律顾问试点单位,总法律顾问工作起步较早。经过近10年的努力,中国建筑专业法律人员队伍发展很快,法律与企业投资经营工作融合好,法律支撑保障效果明显。同时中国建筑首创的项目法律顾问制度、根据自己的特点建立的公司律师参与企业重要决策机制,都得到了国资委的肯定和表彰。

3.合规文化建设

基于高层重视和推动,通过近十年的法治系统管理工作,中国建筑法律风险防范工作在企业投资经营中发挥了重要作用,法律工作人员通过自身的努力,从以事后为主的“救火队员”转变成为企业重要决策提供法律支持的“得力助手”,企业法治工作为企业投资经营中不可缺少的重要组成部分已成为集团上下的共识,合规经营、风险意识已成为中建文化的有机组成部分。

荣誉和成绩的背后是沉甸甸的责任。如何进一步提高中国建筑系统上下整体法治水平、提高在国际经济竞争中法治维权护航的“软实力”将是法治工作向纵深发展的重点。我们有信心在中央“依法治国”方略指引下,在国务院国资委的领导下,进一步提升法治管理水平,为集团实现“一最两跨”企业发展战略目标提供坚实的法律保障。

参考文献

[1]中国共产党十七大报告[z].

[2]公司的力量[M].太原:山西出版集团、山西教育出版社出版.

[3][美]亨利·罗伯特著,袁天鹏、孙涤译.罗伯特议事规则[M].上海格致出版社.

[4]张卓元.经济改革要有新突破[J].理论动态第1917期.

[5]卓泽渊.法治国家论[M].北京:法律出版社.2008.

浅谈
国有企业经营管理团队建设

侯　斌

（中国建筑五局北京公司，北京 100055）

摘　要：国有企业经营者的道德修养、职业素质和专业水平，与企业的发展活力、综合实力和市场竞争力息息相关。优秀的企业经营管理者应具备卓越的政治远见、前瞻的战略思维、优良的职业道德、出色的专业素质、充分的学习能力、良好的心理素质等素养，建立选拔决策约束机制、健全国有企业经营者利益激励及监督制约机制、加强企业经营人才培养、注重企业文化引导等是国有企业打造优秀经营管理团队行之有效的途径。

关键词：国有企业，经营管理团队

随着经济体制改革的逐步深化，国有企业现代管理制度不断成熟，国企法人治理结构日趋完善，国企经营者责、权、利的结合更加科学，国家对国有企业资本经营的效率和回报高度关心，但具体经营运作仍由国企经营者按照市场需求的变化而自主决定。为适应瞬息万变的市场环境、积极主动迎接挑战，国有企业经营者作为经济发展中的特殊人力资源，他们的品德修养、职业素质和专业水平，与企业的发展活力、综合实力和市场竞争力息息相关。他们要运用自己的知识、判断力、技巧等来确定企业的使命和目标，选择实现使命目标的途径和方法，并深入思考如何将有限的资源合理配置、如何将经营团队的努力与各种有效资源结合、如何实现企业内部资源与经营目标的平衡。在此意义上而言，国有企业经营者素质的高低和管理工作的好坏，直接决定着企业的生存与发展，以及企业全体职工的利益和前途，甚至决定着整个社会的经济发展和人们生活水平的提高。

基于此，国有企业如何选拔、培养优秀的经营管理团队，成为了关乎国家利益和企业发展的重要课题。而要真正建设优秀的国有企业经营管理团队，首先需从源头上梳理优秀的经营管理者究竟应具备哪些素质。

一、国有企业优秀经营管理者素质探析

随着社会经济的发展和科技进步，国有企业所处的环境越来越复杂。如何积极应对层出不穷的各种社会诱惑，最大可能地优化经济效益和社会效益，真正实现收益与贡献对称、收入与约束相随、效率与公平统一，这就对国有企业经营者个人修养、道德水平、价值观念和专业能力等提出了更高的要求。

一是卓越的政治远见。政治体制决定经济体制，国有企业无时不处在政治环境与经济环境的双重作用之下。因此，国企经营者必须关心政治、学习政治，懂得运用政治理论指导企业的经济工作，既要加强企业内部管理，合理、有效地配置内部资源，促进企业的健康发展，又要重视企业外部环境，分析国家政治体制改革方向、宏观经济发展方向、产业政策、法律法规的调整等。优秀的国企经营者必须时刻保持高度的政治敏锐感，以卓越的政治远见引导企业积极主动朝着适应国家宏观环境的方向，向政府相关政策倾斜、扶持的行业发展。这是国有企业

成功的重要因素。

二是前瞻的战略思维。目前,经济全球化趋势进一步加速,市场竞争日趋激烈。社会文化、政治、经济、法律、技术和自然环境等外部不可控因素严重制约着企业的生存与发展。国企经营者应在充分考虑企业外部不可控因素和内部技术、资金、人力资源和拥有的信息等可控因素的基础上,准确把握企业的优势和劣势,扬长避短,充分发挥自身竞争优势,使目标、资源和战略三者实现最佳匹配。同时,着眼于广域市场、国际市场的发展,注重加强国内国际合作,充分调动一切可用的资源,不断调整运营格局。此外,还要富于前瞻性地认真分析经济发展环境的复杂性和不确定性因素,发现不确定性中隐藏的相对稳定因素,主动适应多极化发展带来的机遇和挑战。国企经营管理者要善于在瞬息万变的动态市场中抓住机遇,以先人一步的战略思维和头脑,明确企业战略发展的方向和目标,制定科学的企业战略规划,为企业赢得更多效益和影响力。

三是优良的职业道德。现今我国正处在市场经济初级阶段,社会结构、经济理念、价值观念都处于巨大变革之中,经济转轨、社会转型、文化冲突的特征明显,而目前国家政治稳定、经济发展形势喜人,这就对国企经营管理者的职业道德与社会责任提出了挑战。企业是一个经济实体,从事的是经济活动,为了企业的生存和发展,追求利润最大化无可厚非;但作为国企经营者,不仅要追求经济效益,为社会创造物质财富,还应充分考虑企业社会效益和承担社会责任,为社会创造精神财富。国企经营者所处的地位、职责特殊,当国企经营者自身利益与企业利益相互矛盾时,要以企业利益为重;当企业经济利益与社会效益、社会责任发生冲突时,要统筹考虑,从整体着眼,促成企业经济效益与社会效益、社会责任的双赢。国企经营者要严以律己,以良好的职业道德为后盾,把自己培养成为富有高尚职业道德和文化涵养的优秀经营者,促进社会经济的可持续发展。

四是出色的专业素质。国企经营者不一定是业务上的"通才",但应该全面掌握现代企业管理的知识和技能。应具备高超的待人艺术、办事艺术和领导艺术,应具备灵活高效的决策能力、判断能力、分析能力、指挥能力、组织能力、协调能力、激励能力、应变能力、沟通能力,能最大限度地调动团队的积极性和创造性,能积极处理好企业内外各种错综复杂的关系。只有这样,才能有效利用企业内外各种资源以实现企业目标。面对激烈的市场竞争和错综复杂的社会环境,国企经营者还应具备强烈的风险意识和创新精神。现代社会复杂多变,随机性、突发性事件时有发生,不稳定的企业外部环境直接增加企业经营风险,国企经营者必须科学判断,认真分析,善于风险决策;创新是一个企业长盛不衰的不竭动力,企业不创新,就面临着淘汰出局的巨大风险,国企经营者应准确洞察市场潜在需求,果断把握市场机会,不断创新来提升企业的竞争力,将潜在的市场要素转化为现实生产力,千方百计实现企业利润最大化和社会效益最优化。

五是充分的学习能力。在知识经济时代,知识更新的速度很快,一个人不注重学习新知识,就难以在激烈的市场竞争中立足。尤其对于国企经营者而言,要想实现单位及个人的事业目标,带领企业在激烈的市场竞争中立于不败之地,必须具备充分的自主学习能力。不仅要及时总结归纳自身的不足或欠缺,有针对性地补己之短,还必须时刻关注知识更新动态,从繁忙的工作中抽出时间及时补给知识空缺。善于学习方能兼收并蓄,才能正确地思考经营全局,制定科学的经营战略,提高经营管理能力,游刃有余地开展工作。

六是良好的心理素质。一个优秀的企业经营者必须具备良好的心理素质,方能在变幻万千的市场形势中处变不惊、应对自如。面对成就不骄傲,保持沉着冷静的心态;遇到挫折不气馁,保持不屈不挠、勇往直前的精神;作风民主,虚怀若谷,保持善于吸纳不同意见的风格;优良的心理素质对于一个成功的企业经营者尤为重要,否则,人云亦云,思想迟钝、随意武断、妄自尊大者必将使企业陷入困境。

二、打造国有企业的优秀经营管理团队

在现有社会语境和市场环境下，以优秀经营管理者的优良素质为参照，结合企业经营管理实际经验，深入探讨如何打造国有企业的优秀经营管理团队。

首先，科学选拔企业经营者，建立选拔决策约束机制。

一是解放思想，转变观念，扩大视野，拓宽选择范围，冲破过去的思维定势，建立科学的选拔程序。坚决破除国有企业经营者“官本位”的思想，将其由官场推向市场，由行政配置转变为市场配置。打破地区、部门和资历身份的限制，破除行政任命制和人才部门所有制，实行市场、人才双向选择制，实现企业经营者由“官员化”转为市场化、职业化，增加选择过程的透明度和公开性。在转变观念的基础上引入竞争机制，在良性竞争中选择真正适应本企业发展的经营者，同时也让经营者在竞争中找到能发挥自己潜能的最佳位置。坚持公开、公平、公正、择优的原则，打破陈旧的条条框框，真正做到面向社会，公开选拔，择优选用，打造出既精通资本运营，又懂技术和金融，还会管理、善经营的优秀国有企业经营团队。

二是建立经营者选拔决策约束机制。国有企业经营者的选拔牵涉到许多错综复杂的制约因素。我国的政治体制和社会主义公有制的制度以及国有企业所特有的社会政策目标决定了政治、行政结构和行政程序要进入国有企业经营者选拔的决策体系中；市场经济、知识经济和企业的经济活动规律对人才的科学要求决定了科学及掌握科学的独立的人才评估机构也应进入国有企业经营者选拔的决策体系中。因此协调统一政治、行政和科学三维制约在国有企业经营者选拔决策过程中的关系，并形成科学合理的决策制约体系和标准体系成为了国有企业员工素质重塑中的重要问题。要正确处理政治、行政、科学三者在国有企业经营者任职资格认证人事决策过程中的责权关系，高度统一于经济建设的核心，建立科学可行的约束机制。

其次，健全国有企业经营者利益激励及监督制约机制。

国有企业在科学选拔人才的同时，要注重加强自身吸引力，留住人才，逐步汇聚一批优秀的企业经营者，不断壮大企业经营管理团队。

激励，指激发鼓励，是利用某种外部诱因调动人的积极性和创造性，使人有一股内在的动力，朝向所期望的目标前进的心理过程[1]。无论是传统的月薪制还是近年来被提倡的年薪制，都已不能作为调动经营者持续积极性的“诱因”。因此，必须对传统分配方式进行改革，依据企业规范、经济效益、风险承担和企业职工收入确立企业经营者的收入，推行规范、高额的年薪制；同时以按单位付酬为主，经营者为企业每完成一笔交易都可以根据比例获取报酬，更好地促使经营者不断为企业争取业务；此外，还可以附加其他的激励方式，如住房或住房补贴、配车等，甚至于还可以采用股票期权激励制度，给予企业经营者相应的“虚拟股”，使他们在付出劳动的同时获得合理合法且与自身价值相适应的报酬。根据马斯洛的需求层次理论，人较高层次的需求是爱和归属的需求以及自我实现的需求。住房、配车、股份等都体现了企业对经营者的人性关怀，可以满足其对爱的需求，培养经营者对企业的归属感，而辅之以按单位计酬的付酬方式，使经营者每为企业完成一笔交易都能获得报酬，这样就满足了其自我实现的需要。因此，国有企业要通过行政组织手段，特别是法律手段进行规范，从制度上保障国有企业经营者的物质利益，吸引、鼓励越来越多的优秀人才在国有企业扎根并大显身手，保证国有企业运行顺畅，蓬勃发展。

与激励机制同步，不可或缺的是多元监督制约机制。为确保企业科学发展和企业经营者的健康成长，必须从根本上建立对国有企业经营者的监督制约机制，充分运用行政监督、法律监督、民主监督、财务审计监督和舆论监督等手段，建立一套系统的、规范的、科学的、统一的指标监督体系。实施对企业经营者重大问题、资本运作、用人决策上的全过程

监督，保证国有资产的保值、增值，国有企业的稳步健康发展。

第三，加强企业经营人才培养，建立科学考评指标体系。

国有企业优秀的经营者不能一天就能塑造成功，其个人先天的素质和能力也不可能一直满足社会、时代和市场的需要，因此，企业应制定科学实用的培训计划，并且有方法、分阶段地持续推进，不断提高企业经营者的思想觉悟，不断提升专业能力和业务水平，不断优化其战略眼光和心理状态，促使他们的综合素质全面适应市场的需要。人才培养的方式可以是专家前辈讲解、内部交流讨论、业内单位交流学习的形式展开，也可以借助专业培训机构的资源辅助推进，还可以根据行业特点和企业实际，创新方法灵活变换形式。

科学的考评指标体系对经营人才培养具有重要的指导和提示意义。我国国有企业应该运用现代人事考评的先进技术对企业人才进行科学考评，建立科学的考评指标体系、采用科学的人事考评信息获取、处理、评判、质检技术，准确评价人才，为企业职工的任用、提拔、培养提供科学依据。通过细化考评指标，量化每个指标的权重，数据的比较分析，可以发现问题，总结经验，可以绕过弯路，指引经营人才快速进步的方向。

第四，注重企业文化的引导，积极营造经营业绩导向的舆论氛围。

员工素质是企业生产经营活动中最重要、最根本的因素，正所谓"职工能力的提高与企业利润的增长呈几何级数的关系"。为了市场竞争的需要，国有企业必须把经营人才的培养放在相当重要的位置。而人才的培养，除专业技术教育、文化素质培养之外，营造稳定的、影响突出的企业文化和舆论氛围意义重大。

健康稳定的企业文化能引导员工在精神上同企业融为一体，同心协力，团结合作，与企业同呼吸，共命运，增强企业凝聚力，推动国有企业的改革和发展。

此外，广泛宣传优秀经营者的创业精神和经营业绩，营造有利于他们成长的舆论环境。优秀的企业经营者是不可多得的人才，他们的劳动是一种创造性劳动，对企业发展和国家富强有重大贡献。广泛宣传他们的业绩，可以在社会上形成一种尊敬优秀经营者、爱护优秀经营者的良好风气，为他们争取到应有的荣誉和地位，形成有利于他们工作的外在条件；同时，也可以通过舆论引导，在企业内部形成齐抓经营、你追我赶的良性竞争环境，激发更多经营者积极开拓，奋进拼搏。

三、结　语

国有企业经营团队建设是一个常谈常新的话题。市场经济条件下，我们在加快建立现代企业制度的同时，必须积极推进国有企业科学管理，坚持高标准、从严治企，着力打造一支政治思想素质好、善于经营管理、精明强干、勇于开拓进取的优秀国有企业经营团队，使国有企业在激烈的市场竞争中生存、发展和壮大，开创国有企业改革和发展的新局面，大力推进社会主义市场经济的建设进程。

当然，因行业特征、发展阶段等具体情况的不同，国有企业经营团队建设也必然存在差异。我们无法提供唯一或统一的标准，但以此为契机，深入思考国有企业团队建设的新特点、新方法，也许会得到意想不到的收获。

参考文献

[1]蔡世馨，史若玲.管理学[M].长春：东北财经大学出版社，1997.

[2]马建宁.国有企业经营者素质初探[J].宁夏大学学报，2004.

[3]郝朝生.论加快国有企业经营者的队伍建设[J].宿州教育学院学报，2002.

[4]徐平.用机制构建高素质的国有企业经营者队伍[J].中外企业家，2002.

[5]胡宝昌，邓经纶.提高企业经营者道德素质在现代企业管理中的独特地位[J].现代管理，2002.

关于国有企业经营业绩考核的思考

胡晓华

(中国建筑第八工程局有限公司，上海 200122)

摘　要：自2003年国务院国有资产监督管理委员会(下简称国资委)成立以来，国有企业出资人管理体制基本理顺，国有企业的业绩考核问题开始越来越受到国家重视，针对国有企业经营业绩考核制度也在不断完善，本文分析当前我国国有企业在业绩考核方面存在的问题和原因，同时在借鉴国外发达国家绩效管理方面经验的基础上，提出解决当前这些存在问题的一些建议，以提高国有企业经营业绩考核水平，提高国有企业在市场经济机制下和国际市场的竞争能力。

关键词：国有企业，业绩考核

国有企业是我国国民经济的支柱，党和国家一直高度重视。如何有效、准确地衡量和评价国有企业在国民经济社会发展方面所做的贡献，即如何正确评价和考核国有企业的经营业绩，有效激励和约束国有企业经营者行为，直接关系到国有企业的健康和可持续发展。2006年12月，国资委发布《中央企业负责人经营业绩考核暂行办法》，对中央企业负责人经营业绩考核做出明确规定，各地国资委也在此基础上制定并完善了各自的国有企业考核办法。2009年12月，国资委对《中央企业负责人经营业绩考核暂行办法》进行修订颁布，增加了《经济增加值考核细则》，加大了对经济增加值的考核。经济增加值纠正了传统会计标准中对无形资产的价值处理，如企业的研发费用等将被视为投资，可以引起企业对无形资产的重视，有利于企业长期战略的应用和发展，同时新考核体系最大的特点就是与奖惩紧密挂钩。2009年10月，国资委又下发了《关于进一步加强中央企业全员业绩考核工作的指导意见》，中心思想就是要求在国有企业中实行全员业绩考核，提高国有企业经营业绩考核水平，促进国有企业稳健科学发展，这意味着国有企业的业绩考核问题越来越受到中央的重视，如何建立一个有效的、与国家和企业发展战略相适应的业绩考核体系就显得尤为重要。

一、国有企业及经营业绩考核现状

目前我国共有国有企业11.2万户，总资产超过100万亿，无论是实现利润、上缴税金、维护经济社会稳定、完成国家宏观调控目标，还是在推动经济可持续发展，国有企业都具有绝对核心地位。党的十六大明确表示了以国有企业为主体的国有经济在“增强我国的经济势力，国防势力和民族凝聚力，具有关键的作用”。党的十七大提出“深化国有企业公司制股份制改革，健全现代企业制度，优化国有经济布局和结构，增强国有经济活力、控制力、影响力”。

推行国有企业经营业绩考核，有利于全面掌握企业的实际经营状况、经营成果，便于考察经营者的经营业绩，促进企业战略目标的实现，保持企业可持续性发展；有利于引导企业经营行为，促进创新，提高企业核心竞争力；有利于企业建立和完善激励约束机制，提高奖惩的公平性；有利于国有企业及时发现问题，查找差距，规避风险，适时调整经营战略；同时也有利于为考核企业经营者业绩提准确的依据。

国有企业自身按市场化要求推行业绩考核，将考核结果与员工薪酬结合起来，利用绩效辅导帮助员工，改善员工工作行为，促进员工自身发展，强化员工的责任意识和目标导向，从而提高员工工作效率，为提高组织绩效创造可能。

当前国有企业经营业绩考核已经引起国家和企业高度重视，考核工作开始规范化和常态化，考核范围基本覆盖全体员工，相关各项工作也在扎实推进，但我们也应该看到，仍然有不少国有企业业绩考核工作不扎实、准备工作不充分、操作过程不完善、结果利用不合理。如部分企业的业绩评价手段仍然是以目标管理为重点，指标选择大多为定性目标，与国际先进企业差距较大。

二、当前国有企业经营业绩考核存在的不足

(一)对国有企业的考核方面

1.对国有企业的考核往往偏重经济指标等内容，忽视了国有企业承担的社会职责方面的内容，业绩评价有失偏颇，没有引导国有企业全面卓越发展。近些年一些国有企业甚至一些央企，虽然在经济指标方面取得了优异成绩，但由于在承担社会职责方面做得不够，某方面问题甚至成为社会热点问题，如天价装修、豪华消费、垄断高薪等，引起社会民众的不满意。

2.有些地方的国有企业仍然隶属于经委、建委等政府部门，造成考核管理政出多门，国资委无法真正履行对国有企业的出资人职责，对国有企业的考核不完全符合《国有资产法》的规定。

3.经营业绩考核制度和指标设置不尽合理，侧重于利润等静态指标较多，对价值管理和企业现金流等重视不够，另外像经济增加值考核仍处在起步阶段，短板考核还不够有力，对不同功能和定位的企业如何实现个性化、差异化的考核等有待改进，无法真正对国有企业形成战略性引导。

4.部分地方国有企业没有实行任期考核制，还存在企业经营行为短期化的弊病。

(二)国有企业自身业绩考核开展方面

1.思想认识不到位。有的国有企业经营者观念比较落后，对绩效管理的重视不够，认为绩效管理只是企业用来管理员工的普通管理方法，没有对考核工作宣传发动，考核工作流于形式，导致员工出现误解，甚至抵触情绪。

2.考核体系不完整、不统一。由于国有企业管理部门人员复杂，分公司多、项目部多，生产经营过程不尽相同，存在各自制定各自的考核办法，更有甚者照抄照搬其他企业的考核模式，根本没有和自身的实际相结合，影响了考核系统的统一性。部分企业全员考核的广度和深度不够，对副职和职能部门的量化目标考核也远远不够。

3.考核指标有待进一步细化和完善。在指标设置上，内容过粗或过于泛化，有的专业工程处、项目部考核指标片面追求量化，只考核能够量化的，不能量化的指标如员工的学习成长等被当成不重要的指标被删除，难以准确体现考核引导作用。有的考核方法上比较单一，考勤指纹打卡制、分管领导季度检查制是绩效考核的主要方法，难以对员工在企业运作过程进行全面的考察，导致考核失真。

4.考核结果缺乏激励性。考核结果只与薪酬挂钩，而且激励明显不足，有的企业考核员工采用轮流坐庄，有的全凭领导主观印象和个人好恶来对下属进行考核，使绩效考核流于形式，没有真正建立起收入与业绩相一致的激励机制，业绩考核自然有失“公正、公平”，更无从引导员工改善自身行为，提高工作质量。

三、对国有企业经营业绩考核存在不足的原因分析

1.国有企业公司治理机制不够完善。虽然从2003年起，国资委作为国有企业的直接管理机构，但在这种国有资产管理体制下，国资委拥有对国有企业监督的权力，却没有承担国有企业经营风险的责任。近年来，国资委作为出资人，其对国有企业的控制权逐步加大，甚至与国有企业的代理人的控制权发生了冲突。因此，在通过强化国资委的职责来解决国有企业的“所在者缺位”问题的同时，也要尽量避免“所有者越位”的现象。

另外，在现有经营业绩考核制度中，国资委作为考核主体缺乏与其身份对应的监督和激励机制。国资委虽然在现有国有资产管理体制中，被赋予了体现市场经济规则的出资人身份，但从本质上看，其仍然有非常浓厚的行政色彩。这样，对国资委履行相关职责的监督约束机制宣传究竟是以行政方面的法规

(如《公务员法》),还是以市场经济方面的法规(如《公司法》)作为标准,这一分歧会导致对其工作评价模糊不清。而且,对国资委工作人员的激励机制以行政还是以市场为主导,也存在相应的问题。

2.国有企业经营业绩考核要契合社会功能。单从企业的性质来看,新制度经济学认为企业是市场机制的一种替代,但国有企业的性质却与此明显不同:它不仅仅是市场机制的一种替代,同时也是行政机制的一种替代。既然我国国有企业具有替代行政机制的功能,就不能不考虑与企业行为与社会发展之间的相互影响,也就是国有企业理应比其他企业更加注重其行为带来的社会影响,承担更多的社会责任。由于国有企业除具有一定的经济职能外,还承担着一定的社会责任。如果完全将它纳入市场化企业的评价体系中,必定会与实际产生一定的不符。因此,在评价过程中,应对一些非客观因素影响的主要项目,如为支持政府的"援建项目"的各项支出等项目进行必要调整,使各指标真实反映企业的经营情况;定性评议指标应抓住企业特点和当前市场经济的需要设定,设定的指标不能太笼统或千篇一律,这样操作起来容易流于形式,不能很好地反映企业实际情况。

3.国有企业作为考核对象缺少对考核指标的自主选择权。在中央及省市的国有企业经营业绩考核办法中,考核指标大体相同,很少有为企业提供指标选择权。虽然国有企业具有特殊的产权性质,但其终归是一个企业,作为企业就要直面市场的不确定性,并以内部高效的管理来应对市场挑战。在国有企业的经营过程中,对市场环境变化,企业自身经营条件掌握最清楚的是企业的现场管理者,而非外部组织,因此,国有企业在应对市场变化,致力于企业长期发展的经营过程中,理应拥有更多的自主权,以免考核指标与企业发展目标的不相称给企业造成发展障碍。也就是说,利用相关法律、法规和政策来引导国有企业的经营行为,比设定一些企业无法选择的,与企业发展不相适应的硬性考核指标更为有效。

4.国有企业经营业绩考核评价体系不够完善。目前对国有企业的绩效评价仍侧重在利润和净资产收益率等静态指标上,而对企业价值管理和现金流量等动态指标考虑较少。随着市场经济的发展,无论股东还是债权人越来越关注企业价值和现金流情况,而目前评价体系很少涉及对企业价值的评价,对现金流的评价也只是在修正指标中反映。

另外,现行业绩考核评价体系主要考虑行业类型和企业规模两个方面,对企业所处的不同的发展阶段并没过多关注。实际上,各项指标的权重与企业所处的不同的发展阶段有很大关系。比如,处于成长期的企业与成熟期的企业所关注的指标是不同的,成长期的企业对销售收入的增长、资金的筹集更为关注,但成熟企业由于市场已打开,销售比较稳定,资金比较充裕,此时它更注重管理效益的提高。因此,销售增长率和资产负债率的高低在两家总体发展战略中的影响和作用是不同的,两个指标在评价体系中所占的权重也应不同。

5.从国有企业自身推行业绩来看,考核机制尚不健全。一是考核者缺乏正确态度和有效考核技术。作为新型的人力资源考核工作,国有企业考核者普遍缺乏正确态度和有效的考核技术,从而导致考核的主观色彩过浓而丧失公平性与公正性。一方面,考核者未能掌握足够的新型考核技术,从而造成考核的偏差较大;另一方面,考核者由于人情方面与不负责任的问题,以至不能公平合理的进行考核工作。

二是考核内容不全面,标准不明确。部分国有企业考核内容不够全面,存在着以偏概全倾向,有的仅仅以履行任期和岗位工作目标的情况为考核的主要内容,注重实绩,而忽略了其他方面的考核。有的考核缺乏客观的衡量尺度,定量判断少,定性判断多,往往受考核者价值观的影响,随意性大,尤其易受领导者意志的左右,很难保证考核的公正性。

三是缺乏绩效反馈制度。大部分国有企业中被考核者少有申辩说明或进行补充,也很少了解自身表现与组织期望之间的吻合程度。结果,员工并不知道自己的哪些行为是企业所期望的,哪些行为是不符合组织目标的,更不用说如何改变自己的工作。这样,企业考核工作就失去了改善员工工作绩效这个最重要的作用。

四是绩效考核结果的运用形式单一。绩效考核

结果的运用,可以是工资增长、绩效奖金和其他具有酬劳性质的奖励,更包括员工对自己的奖励(如成就感)、福利、授予荣誉称号、赋予挑战性的职责、重要而有意义的工作等。但目前国有企业绩效结果的运用多数只是与工资和奖金相挂钩,形式较为单一。

四、针对国有企业经营业绩考核的一些思考

1.要准确把握国有企业的定位。国有企业一方面增强我国的经济势力,具有经济的职责;另一方面增强我国的国防势力和民族凝聚力,具有公共事务方面的职责。也就是说,国有企业的国有资产是一种企业性资产,具备参与企业生产经营并不断实现自身价值的功能;另一方面,国有企业中的国有资产又是一种以国家为代表的社会性资产,它要适应国家利益的需要,借助于企业的生产经营活动,达到国家对社会经济活动实行有效调节的目的,执行着一种社会功能。因此,由于国有资产在功能定位上的二重性,使得企业在功能定位上也具有二重性,所以对国有企业的经营业绩考核就不仅看销售收入、利润等指标,还必须考虑国有企业对社会的贡献。

2.要科学认识在国有企业中推行EVA考核。EVA(经济增加值)是20世纪80年代在美国推出并逐步风行起来的一种经营业绩考核工具,是最贴近经济利润要求的。核心理念包含四个方面:一是企业的成本不仅包含生产和经营当中所需要的消耗和债务,还有股权成本。二是资本在使用过程中应该责权利统一。三是企业与价值是密切关联的,有利润的企业未必创造价值,但有价值的企业肯定会创造利润。四是利益相关方和股东是共赢的。所以推行EVA考核,引导企业全面考虑企业的资金成本,有利于股东财富的增加,有利于促进国有企业加大主业投资力度,有利于国有企业加大科研力度,由粗放到可持续性发展。

但EVA自身也有一些不足:不能完全反映企业价值和价值增加。比如用EVA作为企业经营者业绩评价指标,当企业面临巨额战略性投资的时候,常常会引导经营者做出错误的选择。因为在投资的初期,EVA会大幅下降甚至是负数的,容易引导经营者选择急功近利。所以,对EVA考核也要面对现实,科学运用。

3.要适时引进国际通行的考核工具。当前,国际上一些主流的考核工具,考核效果明显。国有企业可以根据自身需要,加大引进力度,加以消化吸收,为我所用。

一是关键绩效指标(KPI):是体现"目标管理"特点最直接、最传统的考核方法,是通过提出与运行管理有关的一系列关键指标的组合(重点是非财务指标),如产值、市场份额、维护成本、利用率等,将完成结果与指标进行对照,从而进行考核和评价的方法。通过目标确定、目标分解、目标实施和结果评价等程序,可以直观地评价企业经营者和相关部门的业绩。

二是平衡计分卡(BSC):是20世纪90年代由罗伯特·卡普兰与大卫·诺顿开发的,它超越了传统以财务会计量度为主的绩效衡量模式,改用一个将组织的远景变为一组由四个维度的绩效指标构架来评价组织的绩效。这四项指标分别是:财务、顾客、企业内部流程和学习与成长。目前,平衡计分卡是世界上最流行的管理工具之一,国外很多企业,包括跨国公司都采用了这一管理系统,而且一引起非盈利性机构如医院和政府等也开始使用。

三是360度反馈。是指帮助一个组织的成员从与自己发生工作关系的所有主体那里获得关于本人绩效信息的过程,这些信息包括上级、同级和下级和客户。现代企业追求的是速度灵活整合和创新,而360度反馈从多个角度来进行考核,使考核结果更加客观全面和可靠。

五、关于改进国有企业经营业绩考核的具体建议

1.充分认识加强国有企业经营业绩考核的重要意义

国有企业的重要性已无庸置疑,加强对国有企业的经营业绩考核,是直接激励和约束企业经营者行为,正确引导企业实现自己战略的关键途径,怎么强调都不为过。所以必须坚持以邓小平理论和"三个代表"重要思想为指导,深入贯彻落实科学发展观,全面落实国有资产保值增值。加强国有企业的经营业绩考核,不仅关系社会民生发展,关系到国家"十二五"各项战略

的顺利完成,更关系到社会的稳定,国家的长治久安。

2.明确国资委的考核主体

要完善治理结构,必须明确国资委的考核主体身份,避免政出多门。国资委和国有企业作为考核主体和被考核主体的地位的确定,有助于国资委设计比较规范统一的业绩考核方法和约束机制,也有利于明确国资委和经营者之间的权利和义务,确定业绩责任书作为双方权利义务和考核制度的载体,有助于业绩考核制度的规范化和长效化。

3.明确由经济发展和社会责任共同构成国有企业的经营业绩范畴

明确承认国有企业承担某些非经济工作,将这部分工作纳入经营业绩考核之中。采用综合考核来评定企业业绩,主体考核为定量的方法来评价经济发展方面的业绩,补充考核采用定性的方法评价社会职责方面的业绩。地方各级党委工会等组织,可参与对国有企业在履行社会职责方面的考核,作为上级国资委考核的补充和参考,从而全面保证考核效果。

4.选择合适的考核评价方法和指标体系,完善考核指标

不断完善考核评价方法。对不同的企业或企业的不同发展阶段,所采用的考核方法不相同。要考虑被考核企业的特点,考虑被考核企业的发展阶段,考虑考核主体确定的战略发展目标,对考核制度效率的预期,考核期限等。

确定关键的业绩考核指标。据目标与战略,抓重点,抓关键,提炼最能代表工作绩效的若干关键指标,以此作为基础进行绩效考核,可通过关注20%的关键绩效指标来保证各方面主要目标的完成。指标设置上要突出目标管理,突出价值创造,突出创新考核,突出短板考核,突出风险防控。

确定以任期为主与年度相结合的业绩考核制度。任期制考核主要是为了落实国有企业的战略目标,防止经营者经营行为的短期化,考核指标与方法都应与年度考核有所区别。

逐步实施业绩考核制度的优化。优化国有资产的战略管理,优化国有企业法人治理结构等,优化国有企业经营预算和资本预算,并以法规和制度的形式确定并执行。

5.全面加强国有企业自身考核

推动国有企业融入市场化考核,作为市场经济的主要部分,国有企业更应该适应国内国际市场,优化考核方法,在以人为本的基础上,围绕关键绩效目标,层层分解落实;优化管理层次,提高组织运行效率;疏通员工职业发展渠道,通过绩效测评,奖优罚劣、奖勤罚懒、优胜劣汰,构建和谐企业文化,推动企业与员工及相关方长期共同发展。

6.善于运用绩效考核结果,做好绩效沟通工作

定期公布考核结果,加强业绩考核透明度和时效性。不仅要将考核结果与绩效挂钩,还应该从多方面对经营者(员工)进行激励,包括职务升降、岗位调动和调配、员工培训和特别奖励,以期从全方位调动员工的工作热情。

做好绩效沟通工作。在考核之前,考核主体和客体需要沟通,共同确认工作的目标和应达成的绩效标准。在考核结束后,考核主体需要与客体进行绩效面谈,让客体知道自己现阶段的工作在哪些方面存在缺陷,应该向什么方向改进。

从某种意义上说,加强国有企业业绩考核是一种"基于绩效而管理、基于绩效而发展"的管理哲学。量化和科学的评价并不是业绩考核的终极意义所在,它更大的价值在于帮助国有企业经营者养成科学的管理习惯,正确引导企业市场行为,帮助员工提高工作效率,从而实现国家和企业的战略目标。

参考文献

[1]邵雨.管控力.面向目标的执行方法[M].北京:清华大学出版社,2008.

[2]符蓉.中国上市公司业绩变化研究[M].成都:四川人民出版社,2008.

[3]宋林谦.国有企业合理确定业绩考核指标问题研究[J].商场现代化,2010.

[4]查祥贵.浅淡经济增加值对国有企业的促进作用[J].现代经济信息,2010.

[5]张军.不为公众所知的改革[M].北京:中信出版社,2010.

[6]黄涉和.在中央企业负责人经营业绩工作会上的讲话,2011.

对民用建筑设计院发展EPC总承包的几点思考

吴艳艳

(中国建筑西南设计研究院有限公司，成都 610018)

摘　要:本文从设计院EPC总承包模式的出现与发展入手,引出西南院在国家《关于培育发展工程总承包和工程项目管理企业的指导意见》的鼓励下,作为民用建筑设计院的一员,在EPC总承包发展路上的优势、取得的成绩和遇到的一些应用问题,并结合实际操作,重点对于设计院总承包业务部门的发展、联合体的财务处理和设计分包的营业税抵扣问题进行了探讨。

关键词:民用建筑设计院,EPC总承包

"天下大事,合久必分,分久而合"。纵观工程总承包模式的变革来看,似乎也验证了这一俗语。EPC总承包,即设计－采购－施工(Engineering Procurement Construction)总承包,根据相关的文献记载,EPC模式可以追溯到古美索不达亚时代。

一、设计院EPC总承包模式的出现与发展

在古希腊,庙宇、公共建筑都是由建造师设计并建造完成的,是一个典型的"交钥匙"工程,并在此后的很长一段时间内,这种模式都是普遍的工程建造方式。而随后18世纪出现的英国工业革命,推动了生产技术的发展,社会分工不可避免地出现。由于工程本身复杂性的增加以及使用功能的多样化，使得设计与施工开始分离,出现了专业的建筑师和工程师。设计、施工分离模式与19世纪初兴起的招标承包制结合,DBB(设计–招标–施工)的工程建造模式开始形成,并逐渐成为最主要的工程建造模式。然而随着管理科学的发展与建筑新科技的运用,政府和企业对固定资产投资的管理模式的逐步转变，以及工程建设本身的日益复杂,逐渐暴露了DBB模式存在的短板,EPC模式应运而生。所谓EPC,是指工程总承包企业按照合同约定,承担工程项目的设计、采购、施工、试运行服务等工作,并对承包工程的质量、安全、工期、造价全面负责。

20世纪80年代以来,在境外建筑市场,无论在工程总量还是占总体建设市场的比例,EPC模式都经历了持续、高速的增长。而我国也从20世纪80年代开始,在化工、石化等行业开始进行工程总承包的试点,随后在其他行业逐步推广,至今已有20多年的历史了。但是,多年来,多是电力、化工、建材等大型专业设计院通过工程总承包业务极大地提高了企业的规模、效益和核心竞争力,而民用建筑设计院由于相关市场主体的限制和自身定位的原因,在工程总承包领域鲜见其身影。

不过,值得一提的是,2003年2月建设部印发了《关于培育发展工程总承包和工程项目管理企业的指导意见》(建市[2003]30号,以下简称"30号文"),在文中,要求我们进一步采取措施,积极推行工程总承包和工程项目管理。鼓励具有工程勘察、设计或施工总承包资质的勘察、设计和施工企业,通过改造和重组,建立与工程总承包业务相适应的组织机构、项目管理体系,充实项目管理专业人员,提高融资能力,发展成为具有设计、采购、施工(施工管理)综合功能的工程公司,在其勘察、设计或施工总承包资质等级许可的工程项目范围内开展工程总承包业务。工程勘察、设计、施工企业也可以组成联合体对工程项目进行联合总承包。随后,政府主管部门对工程总承包

进行了大力的推广，行业协会和高等院校也进行了大量的理论研究和专业人才培训，2005年和2010年还分别发布了《建设项目工程总承包管理规范》(GB/T50358-2005)和建设项目工程总承包合同示范文本(试行)(GF-2011-0216)，可以说，工程总承包的体制建设在我国已经有了长足的发展。

在这份鼓励下，2004年，我院作为民用建筑设计院的一员，在经过长期的观察、调研后，成立了以从事工程项目全过程管理、招投标代理和项目咨询为主的工程项目管理公司，首次涉足项目管理这一相对新兴行业。经过近几年的摸索和积累，2009年，我院首次承接工程总承包业务，为我院以设计咨询为主，EPC项目和房地产开发为辅的三大业务板块布局的调整拉开了帷幕。

二、EPC总承包模式在民用建筑设计院的应用问题与解决措施探讨

在EPC工程总承包项目的设计、采购、施工过程中，工程设计是项目策划的开始，是工程进行设备材料采购、现场施工的基础和依据，是EPC工程总承包项目的灵魂。设计阶段是工程成本控制的重点阶段，纵观整个建设投资过程，设计费虽只占工程全部投资费用的1.5%~3.0%，但对投资的影响程度却高达70%以上。为实现EPC工程总承包项目确定的目标，在工程项目启动、策划、实施、控制和收尾的全部过程中，应充分认识设计在EPC工程总承包项目中的重要性，充分发挥设计在设备材料采购、现场施工等过程中的作用，使设计、采购、施工等阶段合理交叉和相互配合，达到设计为EPC工程总承包项目服务的目的。因此，从我院承接的第一个总包项目开始，我们就坚守这个理念，并将其落实到实际的操作当中。当然，这个43万平方米的项目，最后不仅获得业主好评，也获得了当年“全国人居经典建筑规划设计方案竞赛规划、环境双金奖”的殊荣，这为我院开拓工程总承包业务迈出了实质性的第一步，也在我院发展历史上写下了具有深远意义的一笔。

在EPC总承包模式探索的四年间，作为一家民用建筑设计院，我们陆续承接了医院、学校、公园、综合体、住宅小区等多种类型的工程总包项目，金额从几千万元到几亿元不等。在这个过程中，不仅在民用建筑院中可以借鉴的经验很少，而且由于每个项目本身的特殊性，也使得在具体项目的操作中而各有不同。但综合起来，仍然有一些共性或者说是经验值得拿出来予以探讨，以供其他设计院同仁参考。

1.总承包业务部门的发展问题

结合一些设计院(均为民用建筑设计院，下同)的设置情况来看，作为由院集中开展总包业务的设计院，有的在院级设有一两个专门性的部门，有的成立综合性的总承包工程部或工程公司，但配置的人员都普遍不多，通常专职人员不足10人。部门设置综合且虚弱，部门级功能比较难以形成和发挥。这样容易导致总承包项目实际由少数几个人在项目部中封闭完成，既缺乏组织支撑也缺乏组织监管，项目完成的质量、效益有一定的风险。目前，大多数的设计院的组织架构为职能制结构，职能部门与设计所、设计中心平行。基于此，对于总包部门的发展，可考虑打破设计院原有的组织架构，单独采用事业部制。在经营管理上给予较强的自主性，在事业部内部按照职能制结构进行组织设计，使其成为利润中心，实行独立核算。当然，若该部发展到足够大时，可以参照目前发展较好的中元国际模式，以设计院为核心，业务前后延伸，组建集规划咨询、工程监理、设备成套、项目管理、工程承包等为一体的工程公司。

2.联合体的相关财务处理问题

虽然30号文中提出“具有工程勘察、设计或施工总承包资质的企业可以在其资质等级许可的工程项目范围内开展工程总承包业务。”但在实际操作当中，大多数的建筑工程招标都要求设计、施工、勘察三方组成联合体来参与投标，单纯的设计院是难以获得竞争EPC总包投标的机会的。虽然我国《招标投标法》第三十一条对联合体有了一些明确规定，如“两个以上法人或者其他组织可以组成一个联合体，以一个投标人的身份共同投标。联合体各方均应当具备承担招标项目的相应能力；国家有关规定或者招标文件对投标人资格条件有规定的，联合体各方均应当具备规定的相应资格条件。联合体各方应当签订共同投标协议，明确约定各方拟承担的工作和责任，并将共同投标协议连同投标文件一并提交招标人。联合体中标的，联合体各方应当共同与招标人签订合同，就中标项目向招标人承担连带责任。”但对于涉及联合体中标后的开票、收款、纳税、会计处理等很多层面都没有一套系统的规定予以明确，使得联合体、业主、会计师事务所以及相关

税务等部门在面对这些事务时均是以参照执行来处理的。由于建筑工程项目是按属地化政策管理,这样,在不同的地方,由于缺乏统一的政策指导,往往在执行中容易出现个人对政策的理解差异。

因此,通过对我院这几个 EPC 项目操作的梳理后,对于涉及联合体承建的 EPC 项目整理出了几点管理财务处理方面的想法:

(1)联合体应统一由牵头人根据工程进度向业主出具发票,收取款项。

根据相关规定,联合体成员对所有合同条款所承担的共同义务和各方独自承担的义务,所有联合体成员均承担连带责任。在签署合同时,也是业主与联合体成员共同签订。但是所有联合体成员也需要明确授权联合体中的一个成员作为牵头人,代表联合体联系、办理有关投标事宜,并负责合同实施阶段的主办、协调工作。这样对于业主来说,他主要的事务应是针对牵头人来对接处理。这也是符合 EPC 项目业主的实际需要的。因为除了大型建设工程项目及建设单位会发生建设工程的一期、二期甚至三期,投资者会成为多次的业主之外,许多的业主都是一次性的,以前没做过建设项目的业主,以后也不会再继续投资做建设项目业主,要求其很精通建设项目的管理是不现实的。而且对于 EPC 本身的性质来说,承包人应按照合同约定,承担工程项目的设计、采购、施工、试运行服务等工作,并对承包工程的质量、安全、工期、造价全面负责,最终是向业主提交一个满足使用功能、具备使用条件的工程项目。在这双重的要求下,对于业主来说,在按合同进度付款时,他希望的是直接跟牵头人一家接洽,而不是同时跟若干家的联合体成员对接。具体账务处理下面举个例子说明:例如:A 设计院、B 工程局和 C 勘察公司共同组成联合体承担××医院的门诊大楼的 EPC 工程,合同额 3 亿元,其中 A 为牵头人。根据合同约定,××医院支付第一笔进度款 1 000 万元,其中包括 A的设计费 100 万元,B 的工程费 900 万元。A 的账务处理如下(假定所有的收支都是以银行存款支付):

①确认收入

借:银行存款　　1000 万

贷:营业收入–勘察设计收入　　100 万

工程结算　　900 万

②计提营业税金及附加

在计提税金时就涉及联合体其他两方收入的营业税金及附加的处理,个人认为,对于税金的计提可以采取“收支”两条线的做法。这是什么意思呢,简单来说就是牵头人确认收入的时候抛开合同,按照与业主签订的合同全额确认收入,同时全额计提营业税金及附加,这就是“收”这条线;而“支”线则是指在支付款项给联合体其他成员时,一边进成本,同时根据金额用红字冲抵对应营业税金及附加,这样,不仅账务清晰,也不会出现牵头人多计提或者少计提营业税金及附加的情况了。

借:主营业务税金及附加　　35.2 万

贷:应缴税金–营业税　　32 万

(100×5%+900×3%)

应缴税金–城建税　　2.24 万

应缴税金–教育费附加　　0.96 万

(2)联合体牵头人根据工程进度,将从业主处收到的款项以分包的形式支付给联合体其他成员,成员单位在当地税务部门办理分包备案,并开具发票给牵头人,牵头人以施工成本入账。

将这种方式理解为分包,其原因在于对于分包内涵的实质理解。虽然现有的营业税政策并未对转包与分包的概念和内涵作出界定与解释,但我们可以从其他法律规范中找寻答案。按照《建筑工程质量管理条例》(国务院令第 279 号)第七十八条以及《建筑安装工程分包实施办法》([86]城建字 180 号)第 17 条等的解释,所谓工程转包,是指工程承包人在承包建设工程后,不履行合同约定的责任和义务,未获得发包方同意,以赢利为目的,将其承包的全部建设工程转给他人或者将其承包的全部建设工程肢解以及以分包的名义分别转给其他单位承包并不对所承包工程的技术、管理、质量和经济承担责任的行为。而工程分包是指具有总承包资格的单位即总承包人,在承包建设工程后,根据承包工程的特点与需要,征得发包方的同意后,将工程相对不重要的一些项目通过书面合同形式,委托给其他有资格的专业工程商(分包人)实施工程项目的行为。由于工程分包必须征得发包单位的同意,可能的负面效应较小,因而我国现行的法律并不限制分包,但是在责任方面作了特别规定。比如按照《中华人民共和国建筑法》第二十七条的规定:“总承包单位依法将建设工程分包给其他单位的,分包单位应当按照分包合同的约定对其分包工程的质量向总承包单位负责,总承包单位与分包单位对分包工程的质量承担连带责任"。

因此,从上述的分析中我们可以看到,联合体的牵头人在某些责权方面是类似于分包概念中的承包方的。在这个联合体中,业主已经将工程的若干部分分给了联合体成员,联合体成员要就合同约定的全部义务的履约而承担连带责任。由于这些行为在实质上是与分包相似,都是为了最终实现EPC项目保质保量地如期完成的目的,所以,我们在日常的财务处理当中就可以以分包业务的处理为参照,来进行联合体业务的账务处理。

接前例,A根据工程进度,将从业主方收到的900万工程款支付给B,A确认为分包成本,并红字冲销已计提税金,B确认收入并计提主营业务税金及附加。

A的账务处理:

①确认成本

借:工程施工　　900万

　贷:银行存款　　900万

②冲销营业税金及附加

借:主营业务税金及附加　　-29.7万

　贷:应缴税金-营业税　　-27万

　　应缴税金-城建税　　-1.89万

　　应缴税金-教育费附加　　-0.81万

B的账务处理:

①确认收入

借:银行存款　　900万

　贷:工程结算　　900万

②计提营业税金及附加

借:主营业务税金及附加　　29.7万

　贷:应缴税金-营业税　　27万

　　应缴税金-城建税　　1.89万

　　应缴税金-教育费附加　　0.81万

3.EPC中设计分包的营业税抵扣问题

由于EPC总包工程的复杂性,其中的设计板块多少会遇到涉及一些专业设计的分包问题。而为了支持先进技术服务行业,细化专业化分工,早在2006年12月22日,国家税务总局下发国税函[2006]1245号通知,就勘察设计单位分包或转包部分劳务营业税的计税问题做出了明确规定:对勘察设计单位将承担的勘察设计劳务分包或转包给其他勘察设计单位或个人并由其统一收取价款的,以其取得的勘察设计总包收入减去支付给其他勘察设计单位或个人的勘察设计费后的余额为营业税计税营业额。因此,根据这个文件的精神可以理解为,在EPC总包工程中,其中的勘察设计部分如果在业主允许的前提下,将部分专业设计分包给其他的勘察设计单位,这部分收入形成的营业税金是可以抵扣的。但在实际当中,由于部分非业内人士对于"勘察设计"的理解不同而造成了一些项目的税务政策落实不到位,个别出现了重复纳税或招致税务重点稽查的风险。

在实务中,有人将"勘察设计"理解为勘察方面的设计,甚至在"百度百科"中也对其是一种狭窄、不清楚的定义。但在勘察设计行业内,这其实是"勘察"与"设计"两个并列对等的两种设计领域内的行为。如在《建设工程勘察设计管理条例》中,第一条就指出"为了加强对建设工程勘察、设计活动的管理,保证建设工程勘察、设计质量,保护人民生命和财产安全,制定本条例"。在后面的条款中,所出现的均是"勘察、设计"这种提法。而勘察设计的范围也可以从《建设工程勘察设计资质管理规定》中看出:在第二章——资质分类和分级中,其中第五条明确规定工程勘察资质分为工程勘察综合资质、工程勘察专业资质、工程勘察劳务资质。第六条明确规定工程设计资质分为工程设计综合资质、工程设计行业资质、工程设计专业资质和工程设计专项资质。因此,根据上述资质范围的确定,我们可以推论出,勘察设计实质是指勘察和设计两种行为,其营业税分包适用范围应等同于资质的规定范围。

综上所述,我院开展EPC的时间还不够长,我们从中体会到的心得也仅有一二。但是,作为民用建筑设计院,要想靠单一设计咨询主业在收入、利润上做出重大突破已经非常困难。因此,设计院更要深刻认识自身优势,把握建筑设计企业特点,立足设计主业,向核心业务上下游延伸。我们将以在手的EPC项目为契机,大胆探索、创新,及时总结经验并上升为制度规范,形成长效机制,逐步实现由过去传统的设计管理体制向现代国际工程公司管理方向的转化。最终摆脱传统建筑设计市场的容量限制,转移业务单一风险,增强经营灵活性和盈利能力,把效益增长的关注点从"量"上转移到"质"上,真正实现一个可持续的效益增长模式。

MS火电工程的施工项目管理

顾慰慈

(华北电力大学，北京 102206)

摘　要:MS工程项目是一项大型火电工程项目,投资大,工期紧。在项目施工中,施工方按照项目管理的理论和方法,对项目进行了全面、全过程的严格管理,首先是充分做好工程施工前期的准备工作,保证了工程项目能够按计划顺利开工和持续施工;在工程项目实施过程中,采用目标管理和动态管理的方法,对项目的进度、质量、成本、安全、合同、资源等进行了全过程的严格管理和动态控制,发现偏差及时采取措施加以纠正,保证了项目的进度目标、质量目标、成本目标和职业健康安全目标的实现;同时在工程竣工阶段,编制了项目竣工计划,并严格实施,从而保证了项目尾工的质量和进度,保证了工程项目顺利地如期进行竣工验收。由于MS工程项目实施了严格的项目管理,该工程的实体形象、质量和进度都获得建设单位的满意和好评,被评为优良工程。

关键词:工程项目,工程项目管理,过程控制,目标管理,动态管理

MS火电工程项目位于N市西南15km处,有高速公路相通，交通比较方便。该工程为装机容量2×36万kW的火力发电厂,电厂锅炉为亚临界压力的、平衡通风、前后墙对冲燃烧、一次中间再加热的自然循环汽包炉,全钢架悬吊结构,最大蒸发量为1151t/h;汽轮机为多级一次再加热驱动、双缸双排汽的凝汽式机组;发电机为水—氢—氢冷却方式,功率为36万kW;配电装置采用敞开式220kV;热力系统采用一机一炉单元制。

该工程的总工期为两年零四个月,工程于2005年2月1日正式开工,要求在2007年6月1日全部投产。

由于工期比较紧迫,所以施工单位在签订承包合同后立即进入工程的前期准备工作。

一、工程的前期准备工作

(一)建立项目部

MS工程的项目经理部分为三个层次,即决策层、管理层和执行层,见图1。

1.决策层

项目的决策层包括项目经理、项目副经理、总工程师和总经济师四人。

2.管理层

项目的管理层设有下列部门:

(1)行政管理部门;

(2)施工技术部门;

(3)质量管理部门;

(4)安全监督部门;

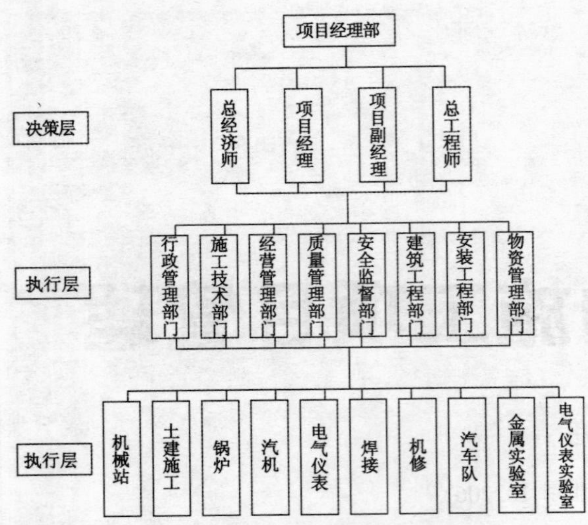

图1 MS工程项目经理部组织结构

(5)经营管理部门;

(6)建筑工程部门;

(7)安装工程部门;

(8)物资管理部门。

3.执行层

执行层共包括十个工地站:

(1)锅炉;

(2)汽机;

(3)电气仪表;

(4)焊接;

(5)机修;

(6)机械站;

(7)土建施工;

(8)汽车队;

(9)金属实验室;

(10) 电气仪表实验室。

(二)施工现场的准备

施工现场的准备工作是为项目的施工创造有利的施工条件和物质准备,以保证工程项目能按计划顺利实施和完成。施工现场的准备工作包括:

(1)施工现场控制网的测量;

(2)施工现场的补充勘探;

(3)施工场地平整;

(4)施工临时道路建设;

(5)施工用水、用气管道敷设;

(6)施工电源布设;

(7)施工临时设施建设;

(8)消防布置;

(9)各种吊装机械轨道敷设;

(10)施工机具安装、调试;

(11)建筑构配件、制品和材料的储存和堆放;

(12)新技术、新材料的试验;

(13)做好冬雨期的施工安排。

(三)施工的场外准备

施工的场外准备包括:

(1)材料的加工订货;

(2)做好分包工作和签订分包合同。在征得业主同意的情况下,将部分施工项目如消防系统,火灾报警系统,烟、风、送粉管道,部分压缩空气管道,部分保温和外保护层安装工作进行分包,并根据工作程序文件规定,通过招标选择合格的分包商,签订分包合同。

(四)技术准备

1.熟悉和审查施工图纸和有关设计资料

熟悉和审查施工图纸是工程项目施工前的一项重要工作,其目的是了解和掌握设计意图,及时发现设计中存在的问题和错误并加以纠正,以避免出现质量问题,保证工程的顺利进行。

(1)施工图纸熟悉和审查的程序

施工图纸熟悉和审查的程序分三个阶段,即学习和熟悉阶段、初审阶段和会审阶段。

1)学习和熟悉阶段

在接到施工图纸和有关的设计技术文件后,组织各级技术人员、预算人员、各专业施工队人员熟悉和了解设计意图,并注意发现设计中可能存在的问题,以及设计和施工产生矛盾的问题。

2)初审阶段

初审阶段由施工单位组织各级技术人员、施工队长、工长、班组长参加,对设计图纸进行自审,并做好审查记录。

3)会审阶段

会审阶段由建设单位主持,设计单位、施工单位和监理单位参加,设计单位首先进行设计交底,然后

施工单位提出疑问和建议，最后形成图纸会审记录。

(2)施工图纸审查的主要内容：

1)图纸是否经设计单位正式签署；

2)工程设计和平面布置是否符合国家、地区和城市规划要求；

3)地质勘探资料是否齐全；

4)设计地震烈度是否符合当地要求；

5)设计图纸与说明书是否齐全，在内容上是否一致；

6)总平面图与施工图的几何尺寸、平面位置、标高等是否一致；

7)各专业图(如建筑、结构、设备安装图)之间的配合是否一致，如土建图中的预留孔洞、预埋件的数量、规格、标高是否与安装图一致等；

8)各专业图之间、图与表格(包括说明)之间的规格、型号、材质、数量、坐标、标高等数据是否一致；

9)大样图是否齐全，是否与所表示的部件的尺寸、标高等数据一致；

10)设计选型、选材、结构等是否合理，是否便于施工、是否能保证工程质量和施工安全要求；

11)生产工艺流程和技术要求，配套投产的先后顺序和互相关系是否明确合理；

12)地下管网、电气线路、设备装置、运输道路与建筑物之间或相互之间有无矛盾，布置是否合理；

13)工程所用的主要材料、设备的数量、规格、来源和供货日期是否明确，有无问题；

14)建筑物的设计功能和使用要求是否符合卫生、防火和城市美化方面的要求；

15)对工程复杂、施工难度大和技术要求高的部分分项工程或新结构、新材料、新工艺，检查现有施工装备、施工技术和管理水平能否满足工期和质量方面的要求。

2.原始资料的调查分析

为了掌握拟建工程有关的第一手资料和数据，要进行工程的实地勘测和调查分析，调查分析的内容主要包括自然条件的调查分析和技术经济条件的调查分析两方面。

(1)自然条件的调查分析

建设地区自然条件调查分析的主要内容包括：

1)地区水准点和绝对标高的情况；

2)地区的地质构造、场地内土壤的类别和性质、地基的承载能力；

3)地区的地震级别和烈度；

4)地下水位的变化、含水层的厚度、地下水的流向、流量和水质情况；

5)地区的气温、雨、雪、风和雷电等的情况，雨季的时间；

6)冬季的地面冰冻深度。

(2)技术经济条件的调查分析

建设地区技术经济条件调查分析的主要内容包括：

1)地方建筑安装施工企业状况；

2)施工现场拆迁情况；

3)当地可利用的地方材料状况；

4)地方能源和交通运输情况；

5)地方劳动力和技术水平状况；

6)当地的生活供应情况；

7)当地教育和医疗卫生状况；

8)当地的消防和治安状况。

3.编制项目管理实施规划

项目管理实施规划是在工程项目投标阶段所编制的项目管理规划大纲的基础上进行细化，具体规格各项管理业务的目标要求，职责分工和管理方法，为履行合同和项目管理目标责任书的任务做出明确的安排。项目管理实施规划的主要内容包括：

(1)项目概况。

(2)总体工作计划。

总体工作计划的内容包括：

1)项目管理工作总目标；

2)项目管理范围；

3)项目管理工作总体部署；

4)项目管理阶段划分和阶段目标；

5)保证计划完成的资源投入、技术路线、组织路线、管理方针等。

(3) 组织方案。

组织方案的内容包括：

1)项目的组织结构图、项目结构图、合同结构图、任务分工表、职能分工表等；

2)项目经理部的人员安排；

3)项目范围与项目管理责任；

4)项目管理总体工作流程；

5)项目经理部各部门的责任矩阵。

(4)技术方案。

技术方案的主要内容包括：

1)工艺方法；

2)工艺流程；

3)工艺顺序；

4)技术措施；

5)设备选用；

6)技术经济指标等。

(5)进度计划。

进度计划的主要内容包括：

1)施工进度图；

2)施工进度表；

3)进度说明书；

4)与进度计划相应的人力计划、材料计划、机械设备计划、大型机具设计及相应说明。

(6)质量计划。

质量计划的主要内容包括：

1)质量目标和要求；

2)质量管理体系策划；

3)质量管理组织和职责；

4)产品(或过程)所要求的评审、验证、确认、监视、检验和试验活动和接收准则；

5)所采取的质量措施。

(7)职业健康安全与环境管理计划。

职业健康安全与环境管理计划的主要内容包括：

1)项目的职业健康安全和环境目标；

2)危险源识别,风险评价和风险控制；

3)安全技术措施计划；

4)安全检查计划；

5)防止污染、保护环境计划。

(8)成本计划。

成本计划的主要内容包括：

1)主要费用项目的成本数量及降低成本的数量；

2)成本控制措施和方法；

3)成本核算体系。

(9)资源需求计划。

资源需求计划的内容包括：

1)资源需要量计划；

2)资源供应计划：

①劳动力招雇、调遣、培训计划；

②材料采购、订货、运输、进场、存储计划；

③生产设备订货、运输、进出场、维护保养计划；

④周转材料采购供应、租赁、运输、保管计划；

⑤大型工具、器具供应计划等。

(10)风险管理计划。

风险管理计划的主要内容包括：

1)项目的风险因素清单；

2)风险的概率及其损失；

3)风险管理的重点；

4)主要风险的防范措施。

(11)信息管理计划。

信息管理计划的内容包括：

1)项目的信息需求种类；

2)项目管理中的信息流程；

3)信息的来源和传递途径；

4)信息管理人员的职责和工作程序。

(12)项目沟通管理计划。

项目沟通管理计划的内容包括：

1)项目沟通的方式和途径；

2)信息使用的权限规定；

3)项目的协调方法；

4)沟通冲突管理计划。

(13)项目收尾管理计划。

项目收尾管理计划的内容包括：

1)项目收尾计划；

2)文件归档计划；

3)项目结算计划。

(14)项目现场平面布置图。

(15)项目目标控制措施。

项目目标控制措施包括：

1)技术组织措施。

①进度目标措施;

②质量目标措施;

③职业健康安全目标措施;

④成本目标措施;

⑤环境保护措施。

2)项目目标措施。

项目目标措施包括:

①组织措施;

②技术措施;

③经济措施;

④合同措施;

⑤法律措施。

(16) 技术经济指标。

项目的技术经济指标包括:

1)进度方面的指标;

2)质量方面的指标;

3)成本方面的指标;

4)资源消耗方面的指标。

4.编制施工组织计划

施工组织计划可以在项目管理实施规划的基础上来编制,其内容包括项目施工组织总设计和单位工程施工组织计划两部分。

(1)项目施工组织总设计

项目施工组织总设计的内容包括:

1)工程概况;

2)施工部署和施工方案;

3)施工准备工作计划;

4)资源需求计划;

5)施工总体进度计划;

6)施工总平面图;

7)技术经济指标。

(2)单位工程施工组织设计

单位工程施工组织设计的内容包括:

1)工程概况;

2)施工方案;

3)施工进度计划;

4)施工准备工作计划;

5)资源需求计划;

6)施工平面图;

7)技术经济指标。

5.编制施工图预算和施工预算

(1)施工图预算:

施工图预算是根据施工图纸所确定的工作量、施工组织设计所指定的施工方案和施工方法,以及建筑工程定额等文件编制而成的,是施工单位签订工程承包合同、工程结算、进行成本核算的重要依据。

(2)施工预算:

施工预算是根据施工图预算、施工图纸、施工组织计划、施工定额等文件编制而成的。施工预算是施工单位内部控制各项成本支出,核算用工、用料和签发施工任务单、限额领料的依据。

6.物资准备

物资准备是根据各种物资(主要是原材料、构(配)件、预制品、施工机具和设备等)的需求量计划,进行资源落实,安排运输和存储,以保证连续施工和工程的顺利进行。

(1)建筑材料的准备:

建筑材料的准备是根据施工进度计划要求,按材料名称、规格、品种、使用时间、材料消耗定额和储备定额等所编制的材料需求计划,组织材料的采购、订货、运输,确定仓库和堆放场地。

(2)构(配)件、预制品的加工准备:

构(配)件、预制品的加工准备是根据施工图预算所提供的构(配)件、预制品的名称、规格、质量和消耗量,编制需求计划,确定加工方案和供应渠道,组织运输,确定进场后的储存方式、储存地点和堆放场地。

(3)建筑安装机具的准备:

建筑安装机具的准备是根据施工组织计划中拟定的施工方案和施工方法,确定施工机具的类型、性能、数量、供应方式和方法以及进场的时间,编制施工机具的需求计划和供应计划,组织施工机具的进场,确定施工机具进场后的存放地点和存放方式。

MS项目施工需要投入大量施工机具,仅吊装机械有塔吊、码头吊、龙门吊、履带吊、汽车吊等三十余台，另外还有 20t、25t、30t、60t、150t、330t 等类型的各种拖车和平板车，以及各种类型的重型卡车。

(4)生产工艺设备的准备：

根据工程项目生产工艺设备的布置和工艺流程，按照工艺设备的名称、规格、型号、生产能力和需求量，确定分期分批的进厂时间和保管方式、方法。

物资准备工作的程序是：

1)根据施工组织计划、施工预算和施工进度计划，编制材料、构(配)件、预制品、施工机具和工艺设备的需求计划。

2)根据各种物资的需求计划，组织货源，确定加工、供应方式、供应地点和供应时间，签订供货合同，拟定各种物资的供应计划。

3)根据各种物资的供应计划，制定运输方案，组织运输。

4)根据施工总平面布置规定的地点和场地，组织各种物资按计划进场，并按规定的方式储存、堆放和保管。

7.劳动组准备

劳动组织准备主要是：

(1)组织和建立精干和强有力的施工队伍；

(2)组织劳动力按时进场；

(3)制定各项劳动管理制度；

(4)组织施工队伍的教育、培训；

(5)组织各级施工人员的安全技术交底。

8.编制项目开工申请报告，等待工程正式开工。

二、施工阶段的项目管理工作

施工阶段的项目管理工作就是按照批准的项目管理实施规划实施，采用目标管理，过程控制的方法，重点进行项目的进度控制、质量控制、成本控制、安全控制和资源管理。

(一)项目的进度控制

项目的进度控制就是对项目各阶段的工作顺序和持续时间进行规划、实施、检查、协调和调整，确保项目进度目标的实现，使工程项目按预定的时间竣工和交付使用，及时发挥投资效益。

1.项目进度控制的内容和程序

(1)确定合同工期和竣工日期；

(2)用 WBS 方法进行进度目标分解，确定项目分期分批的开、竣工日期。

(3)编制施工进度计划：

MS 工程项目的施工进度计划分四级进度编制，即：

1)总体工程施工综合进度计划(一级进度计划)，它是以工程合同投产日期为依据，对各专业的主要环节进行综合安排的进度计划。

2)主要单位工程施工综合进度计划(二级进度计划)，它是以总体工程施工综合进度为依据，对主要单位工程(如主厂房、大型水工建筑、厂区沟管道、燃料、灰渣系统等)的土建和安装工作进行综合安排的进度计划。

3)专业工程施工综合进度计划(三级进度计划)，它是以总体工程施工综合进度计划为依据，分别编制土建、锅炉、汽机、电气、热控等专业的施工进度计划。

4)专业工种工程施工综合进度计划(四级进度计划)，它是为保证实现施工总进度计划并做到均衡各种配制加工、吊装工程等的施工综合进度计划。

(4)编制各种资源计划。

(5)提出开工申请报告。

(6)编制年、季、月度施工进度计划。

(7)实施进度计划。

(8)施工过程中协调、检查，发现偏差，及时进行调整。

(9)项目竣工。

(10)进行工程进度控制分析和总结。

2.总体工程施工综合进度计划编制的依据

(1)施工承包合同；

(2)施工进度目标分解体系；

(3)工期定额；

(4)有关的技术经济资料；

(5)项目的施工部署和主要工程的施工方案。

3.施工总进度计划的内容

(1)编制说明；

(2)施工总进度计划表；

(3)分期分批施工工程的开工日期、完工日期和工期一览表；

(4)资源需要量及供应平衡表。

4.单位工程施工进度计划的内容

(1)编制说明：

编制说明的内容包括编制依据、指导思想、计划目标、关键路线、里程碑、资源保证要求，以及应重视的问题。

(2)日程进度设计表和网络计划图。

(3)里程碑进度：

MS项目确定的里程碑进度是：

1)主厂房开挖；

2)主厂房开始浇筑混凝土；

3)锅炉钢架吊装；

4)锅炉气包吊装；

5)锅炉水压试验；

6)锅炉化学清洗；

7)锅炉首次点火；

8)汽机台板就位；

9)汽机扣盖；

10)汽机油循环；

11)汽机冲转；

12)厂用电受电；

13)机组并网发电。

(4)单位工程施工进度计划的风险分析和控制措施。

5.施工进度计划的审核

施工进度计划编制完成后，项目经理部对施工进度计划进行了审核，审核的内容包括：

(1)进度安排是否符合施工承包合同规定的项目总目标和分目标的要求，是否符合竣工日期的规定。

(2)施工总进度计划中的内容是否全面或有遗漏。

(3)施工顺序是否符合施工程序的要求。

(4)资源供应计划是否能保证施工进度计划的实现，供应是否均衡。

(5)总分包之间的进度计划是否协调，专业分工与计划衔接是否明确、合理。

(6)对实施进度计划的风险，是否分析清楚。

(7)保证进度计划实现的各项措施是否周密、可行和有效。

6.施工进度计划的实施

(1)编制年、季、月、旬(周)施工进度计划，以实施单位工程施工进度计划。

1)年度施工进度计划中包括完成的单位工程及各施工阶段的工程内容、工程量及工作量指标；

2)月度施工进度计划中包括本月完成的分部分项工程内容，施工顺序、工程量和工作量，本月所需劳动力、主要材料、构件、大型机械设备的数量及供应日程要求。

3)旬(周)施工计划是一份施工进度作业计划表，安排分项工程的作业顺序、搭接关系和持续时间。

(2)年、季、月、旬(周)施工进度计划通过施工任务书下达班、组实施。

(3)在施工进度计划实施过程中进行进度控制工作：

1)对施工计划的实施实行跟踪监督；

2)及时在施工进度计划图上记录实际进度(开始和完成日期)、每日完成数量和施工现场发生情况；

3)跟踪工程的形象进度、工程量、工作量、耗用工料、机械台班等数量的统计分析，编制上报统计表；

4)将进度控制的各项措施具体落实到执行人，提出目标、任务、检查方法和考核方法；

5)及时处理进度索赔问题。

(4)分包单位应编制分包工程施工进度计划，并纳入项目施工进度计划中。

(5)在进度控制中，以资源供应进度计划的实现来保证施工进度计划的实施。

7.施工进度计划的检查、调整与总结

(1)施工进度计划可根据需要进行日检查和定期检查，检查的内容包括：

1)检查期内实际完成和累计完成的工程量；

2)实际参加施工的人力、机械数量及生产效率；

3)窝工人数、机械台班数和原因分析；

4)进度偏差情况；

5)进度管理情况；

6)影响施工进度的特殊原因及其分析；

7)气候状况。

(2)施工进度报告。

施工进度报告的内容包括：

1)施工进度计划执行情况的综合描述；

2)实际的施工进度图及表；

3)工程变更、价格调整、索赔及工程款收支情况；

4)进度偏差及其原因分析；

5)解决问题的措施；

6)计划调整意见。

(3)施工进度计划调整的内容：

1)增减施工内容；

2)增减工程量；

3)改变施工起止时间；

4)延长或压缩施工的持续时间；

5)变化逻辑关系；

6)调整资源的供应。

(4)施工进度计划的总结：

1)施工进度计划总结的依据：

①施工进度计划；

②施工进度计划执行的实际记录；

③施工进度计划检查的结果；

④施工进度计划调整的资料。

2)施工进度计划总结的内容：

施工进度计划总结的内容包括：

①合同工期目标及计划工期目标完成情况；

②施工进度控制经验；

③施工进度控制中存在的问题；

④施工进度控制的改进意见。

图2所示为MS项目的施工进度控制内容。

(二)项目的质量控制

项目的质量控制基本上分为三个阶段，即施工准备阶段、施工阶段和竣工阶段。

1.施工准备阶段的质量控制

施工准备阶段的质量控制包括下列内容：

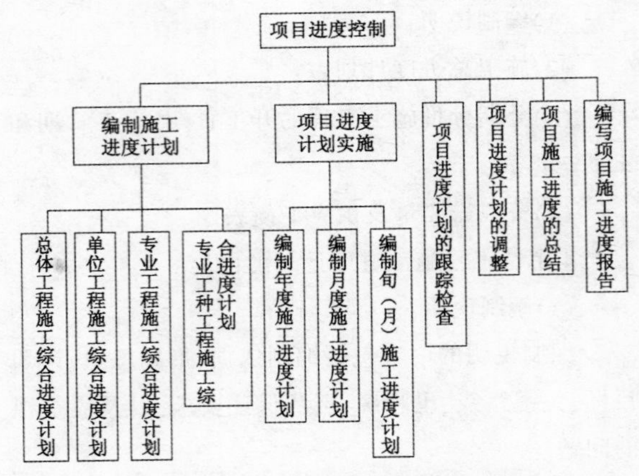

图2 MS工程项目的施工进度控制

(1)建立施工现场的质量控制系统，明确其职责和要求；

(2)建立各种相应的质量管理制度；

(3)进行设计交底和图纸审查；

(4)组织编写单位工程施工组织设计；

(5)进行单位工程(分部工程)现场平面布置；

根据单位工程施工平面图划定的位置布置施工机械、施工机具和材料的堆场，临时设施，水电管线及施工道路等。

(6)组织材料、半成品的技术试验及检验；

(7)进行新材料、新设备、新技术、新工艺的技术鉴定和试验；

(8)复测测量控制点

对建设单位提供的原始基准点、基准线和标高等测量控制点进行复测，确保其正确性和精确度；

(9)进行施工定位、施工放线和建立施工测量控制网；

(10)组织材料、设备、施工机具进场，并按规定堆放、存储和保管；

(11)组织施工人员进场，各专业工种人员必须具有岗位合格证；

(12)组织各级施工人员的质量教育和技术培训

质量教育培训的主要内容包括：

1)质量意识教育；

2)法律、法规、规章制度教育；

3)技术培训。

(13)进行技术交底：

为了在工程施工前使参加施工的管理人员及操作人员对工程的技术要求做到心中有数，以便于科学地组织施工和按规定的程序、工艺进行操作，确保工程的施工质量，要对上述管理人员和操作人员进行技术交底。技术交底的主要内容包括：

1)工程概况、工程特点、施工特点、施工进度计划和工期要求；

2)施工程序、工序穿插配合安排；

3)主要施工方法及技术要求，施工中应注意的主要问题；

4)器材设备及加工件的供应情况及其有关要求；

5)执行的技术规程、规范和质量标准；

6)保证施工质量和施工安全的技术措施及要求。

技术交底必须有记录，作为履行技术交底职能的凭证，技术交底完成后，交底人和接受交底的负责人双方应签字确认。

(14)施工现场生产性和生活性临时设施、施工场地的建筑及布设生产性临时设施和施工场地包括土建工程及安装工程两部分。

1)土建工程生产性施工临时设施及施工场地包括：

①混凝土系统：包括混凝土集中搅拌站，简易小型搅拌站、构件预制场、混凝土作业和办公设施；

②钢筋系统：包括钢筋、铁件制作加工间，钢筋原材料及成品堆放场；

③木作系统：包括细木加工、木模板制作、钢模板及其附件整理和维修、钢脚手管校直和维修等加工间；

④修配：包括金工、铆焊等加工间及堆放场；

⑤机械动力站：包括机械停放、检修、备品备件等库房及场地；

⑥仓库：包括钢材库、建材库、五金电料库、水暖零件库、暖库(焊条、焊剂保管烘焙)、工具杂品库、危险品库(氧气、乙炔、油漆、油料等)、钢结构堆放及拼装场、劳保库、地磅间等库房及堆放场地；

⑦其他：包括总承包单位、分承包单位办公室及其配套设施；水、电等力能设施(水泵房、变电所、锅炉房)；土建试验设施；烟囱、冷却水塔、水暖、油漆、起重、焊接作业设施；土方中转及弃土堆放场、废弃物堆放及现场厕所等；

2)安装工程生产性施工临时建筑和场地包括：

①汽机安装：包括管道加工间、阀门检修间、辅机检修间及设备堆放场；

②锅炉安装：包括锅炉本体组合场、辅机设备堆放场、保温外装板加工间等；

③电气、热控安装：包括电气加工与检修、电气与热工试验等作业间及设备、电缆堆放场；

④修配：包括金工、铆焊等加工间及堆放场；

⑤机械动力站：包括热机设备、电气、热控设备、保温材料、劳保工具库；钢材库及堆放场；阀门、电动机、加工件库、保温仪表库；危险品(氧气、乙炔、油漆、油料等)库等库房及堆放场地；

⑥其他：包括锅炉房、水泵房、金属实验室、焊接间、热处理间、起重间、办公室、小车库、现场厕所及废弃物堆放场等；

(15)做好冬雨期施工准备及防暑、保温、供热等准备工作：

1)雨期施工准备工作

①做好雨期的防洪、排水工作；

②防止雨期滑坡、塌方的发生；

③合理安排施工工作，在雨期来临之前尽早完成基础工程、土方工程和不适宜雨期在室外施工的工作；

④做好运输道路的维护，保证施工道路的畅通；

⑤雨期前做好材料、物资的事先储备；

⑥准备必要的防雨器材；

⑦做好机具的防雨、防雷、防漏电等的保护工作；

⑧制定雨期施工的安全技术措施。

2)冬期施工准备工作

①安排好冬期和非冬期施工项目；

②做好冬期施工时所需的各种材料(如煤、燃气、草帘、化学防冻剂等)和热源设备(锅炉、煤炉、烟管等)；

③做好室外各种临时设施的保温、防冻工作；

④做好冬期施工用的各种材料、构件、备品和物资的储备；

⑤做好冬期施工的安全、防火教育和检查。

(16)编写和提交开工申请报告。

2.施工过程的质量控制

(1)建立和完善工序质量控制系统，严格进行工序质量控制；

工序质量控制的内容包括：

1)工序作业条件控制；

2)工序作业过程控制；

3)工序作业效果控制。

(2)严格进行工序交接检查、停工后复工检查；

(3)做好施工中的成品保护；

(4)施工中发生工程变更，要按监理工程签发的《工程变更通知单》和变更后的设计图纸施工；

(5) 在施工过程中要跟踪检查施工机械的使用操作和维护保养工作，确保施工机械设备正常运行；

(6)进行隐蔽工程的检查验收；

(7)进行检验批的检查验收；

(8)进行分项工程、分部工程的检查验收；

(9)进行单位工程的检查验收；

(10)施工过程中的有关质量文件和资料均编目建档；

(11)对涉及结构安全的材料及施工内容进行见证取样检验；

(12)对涉及结构安全和使用功能的重要分部工程、专业工程进行功能性抽样检验；

(13)工程的外观质量由验收人员通过现场逐项检查确定；

(14)对施工过程中出现的质量缺陷均及时返工修补，并重新进行检查验收；

(15)对计量工作的质量进行检查和控制。

3.项目竣工阶段的质量控制

项目竣工阶段的质量控制包括下列内容：

(1)编制项目竣工计划、明确项目收尾工作的内容，确定相应的质量标准和进度要求；

(2)做好工程竣工资料的整编，并经有关领导审查确认；

(3)组织工程试运行并进行质量控制；

(4)组织工程项目竣工预检；

(5)提交工程项目竣工报告，提出工程项目竣工验收申请；

(6)进行工程项目竣工验收；

(7)组织工程项目交工和工程项目竣工资料交接；

(8)实施工程项目回访和保修。

MS 项目的质量控制图如图 3 所示。

(三)项目的成本控制

施工项目的成本控制是项目经理部为实现《项目管理目标责任书》中规定的责任目标成本而开展的成本预测、成本计划、计划实施、成本核算、成本分析、成本考核、编制成本报告等一系列活动。

成本控制的范围是施工过程直接发生的各种消耗和费用。

MS工程项目建立了以项目经理为中心的成本控制体系，通过成本目标按层面和岗位的分解，明确各管理人员的成本责任、权限及相互关系，形成全面、全过程的成本控制网络。

在承包合同签订后，编制施工图预算，确定项目经理的责任目标成本。在优化施工方案、资源配置和管理措施的基础上，编制施工预算，确定项目的计划目标成本。用 WBS 方法将项目的计划目标成本按工程的结构部位进行分解和细化，确定分部、分项工程的计划目标成本。

编制施工项目的成本计划，并进行成本计划的运行控制，成本计划的运行控制主要采取下列措施：

(1)做好物资采购、生产要素的优化配置、合理使用和动态管理工作；

(2)加强施工定额管理的施工任务单管理；

(3)加强计划管理和施工调度，避免产生窝工、机械设备利用率降低、物料积压浪费等现象；

(4)加强合理管理和施工索赔管理。

在施工成本发生的过程中对实际发生的成本进行数据收集与计算，并将实际发生成本与计划目标成本进行比较分析。

(1)实际成本与责任目标成本的比较分析；

(2)实际成本与计划目标成本的比较分析；

(3)实际工程量与预算工程量的对比分析；

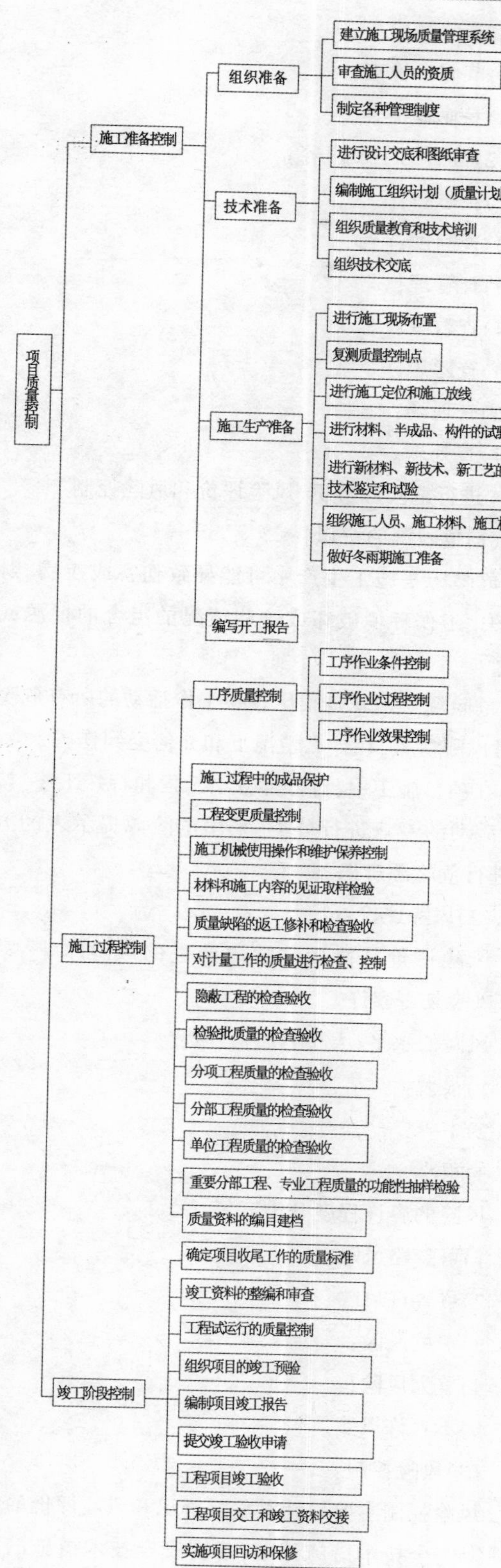

图3　MS项目质量控制图

(4)实际消耗量与计划消耗量的对比分析；

(5)实际采用价格与计划价格的对比分析；

(6)各种费用实际发生额与计划支出额的对比分析。

成本分析结果要形成文件，其中要包括：

(1)偏差原因的分析；

(2)偏差的纠正与预防措施；

(3)成本控制方法的改进；

(4)新的降低成本的措施；

(5)成本控制体系的改进措施。

项目成本分析的结果将作为项目成本考核的依据。项目成本考核分层次进行：

(1)承包人对项目经理部进行成本管理考核；

(2)项目经理部对内部各岗位进行成本管理考核；

(3)项目经理部对作业层进行成本管理考核。

项目成本考核的内容是：

(1)计划目标完成情况；

(2)成本管理工作业绩情况。

项目管理成本控制程序如图4所示。

(四)项目职业健康安全管理

项目职业健康安全管理的目的是保护劳动者的身心健康，保护劳动者人身和财产的安全。

项目的职业健康安全管理包括下列内容：

1.按《职业健康安全管理规范》(GB/T28001)建立职业健康安全管理体系

(1)建立职业健康安全管理机构。

(2)进行职能分配，明确职责和权限。

(3)确定职业健康安全管理方针和目标。

(4)建立各种职业健康安全管理制度：

1)职业健康安全生产责任制度；

2)职业健康安全生产措施计划制度；

3)职业健康安全生产教育制度；

4)职业健康安全生产检查制度；

5)安全技术交底制度；

6)安全事故调查制度；

7)职业健康安全防护用品和食品安全管理制度；

8)安全生产值班制度；

9)安全生产例会制度。

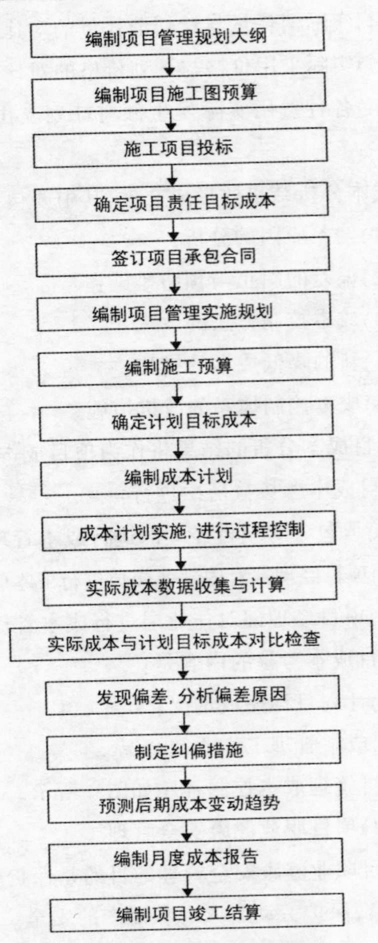

图4 MS项目成本控制程序

(5)指定职业健康安全管理方案。

2.进行职业健康安全教育

(1)职业健康安全思想教育:

1)思想意识教育;

2)劳动纪律教育。

(2)职业健康安全法制教育。

(3)安全生产知识教育:

1)了解生产方式、方法和流程;

2)生产中潜在的危险源及相应的防护措施。

(4)安全生产技能培训。

3.进行职业健康安全检查

(1)检查的形式:

职业健康安全检查的形式包括:

1)定期检查;

2)巡回检查;

3)季节性检查;

4)节假日检查;

5)专业性检查。

(2)检查的主要内容:

1)查思想;

2)查制度;

3)查管理;

4)查教育;

5)查隐患;

6)查现场;

7)查处理。

4.进行危险源辨识、风险评价和风险控制

(1)危险源的辨识:

危险源是施工生产中可能导致伤害或疾病、财产损失、工作环境破坏或这些情况的组合的根源或状态。

危险源辨识就是找出各项工作活动的所有危险源,考虑哪些人、在什么情况下和如何受到伤害。

在项目施工中,对分部分项工程和特殊工序,按施工活动的专业进行分类,采用危险源提示表的方法,进行危险源辨识。

(2)风险评价:

风险评价是衡量危险源产生的风险水平,确定该风险是否容许。

风险的水平(大小)分为三级:

1)很大;

2)中等;

3)很小。

风险的容许程度分为五等:

1)可忽略风险;

2)可容许风险;

3)中度风险;

4)重大风险;

5)不容许风险。

(3)风险控制:

风险控制主要是针对危险辨识和风险评价的结果制定安全技术措施计划,落实安全技术措施的实施,并监督检查实施的效果。

安全技术措施计划的主要内容包括：

1)工程概况；

2)控制目标；

3)控制程序；

4)组织结构；

5)职责权限；

6)规章制度；

7)资源配备；

8)安全技术措施；

9)检查评价；

10)奖励制度。

安全技术措施计划制定的步骤如图5所示。

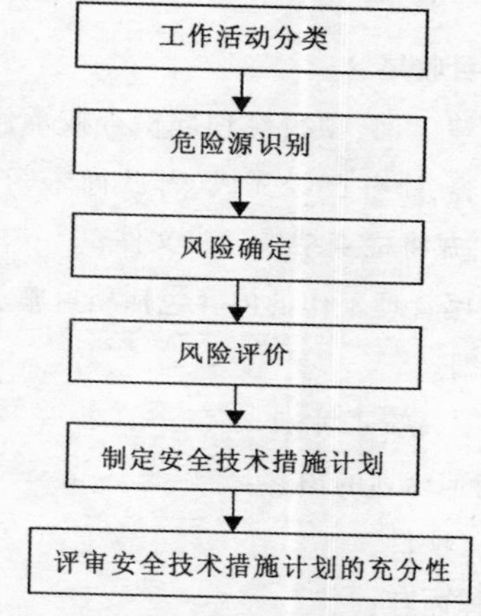

图5　安全技术措施计划制定的步骤

5.安全技术交底

MS项目实施逐级安全技术交底制度，安全技术交底不仅要口头讲解，而且要有书面材料，交底工作完成后，交底人和接受交底的负责人双方应在交底记录上签字。

安全技术交底的主要内容包括：

(1)安全生产纪律；

(2)本项目的施工作业特点和危险点；

(3)针对危险点的预防措施；

(4)应注意的安全事项；

(5)相应的安全操作规程和标准；

(6)发生事故后应及时采取的避难和急救措施。

MS项目的安全控制程序如图6所示。

(五)项目的资源管理

1.劳动力管理

工程项目所需的劳动力，由项目经理部编制劳动力需求计划上报企业人力资源主管部门，由人力资源主管部门协助与劳动力供应单位签订劳务承包合同。

2.材料管理

工程项目所使用的主要材料和大批量材料由企业主管部门负责采购，特殊材料和零星材料由项目部进行采购。

(1)施工准备阶段的材料管理；

1)调查和了解现场情况：

①熟悉设计资料，了解工程概况以及项目对材料供应和管理的要求；

②查阅工程合同，了解项目的工期、材料供应的分工、材料供应的方式；

③调查施工现场的自然条件，了解地形、气象、运输、资源状况。

2)建立健全材料管理制度，并认真贯彻执行；

3)计算材料需用量，编制材料需求计划；

4)安排好材料的储存保管地点和场地。

(2)施工阶段的材料管理

1)严格做好材料进场的检验工作；

2)加强现场平面管理；

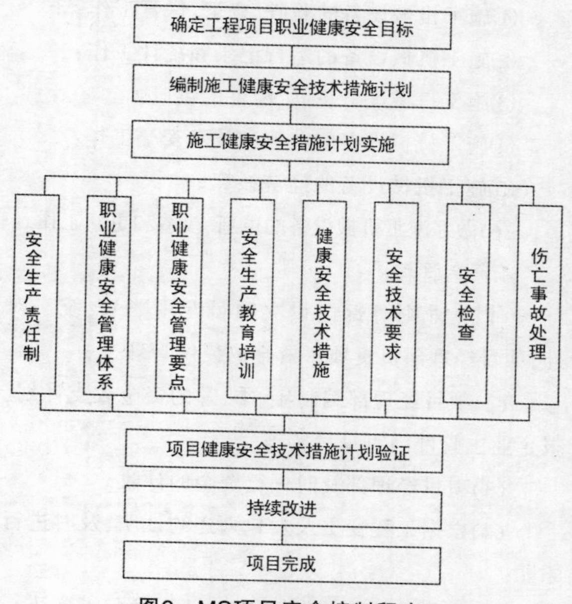

图6　MS项目安全控制程序

3)严格做好材料的入库和发放工作;

4)做好现场材料的保管和保养工作;

5)严格执行限额领料制度,加强对施工班组材料消耗情况的考核;

6)加强材料施工过程中的监督。

(3)竣工收尾阶段的材料管理

1)控制进料;

2)拆除不再使用的临时设施,并充分考虑旧材料的重复利用;

3)清理现场;

4)及时认真地整理好单位工程材料消耗的原始记录和台账。

3.机械设备管理

(1)根据施工生产的需要,正确地选择施工机械设备,做好供应、平衡、调剂工作;

(2)加强施工机械操作人员的教育培训工作,使其能熟练地按操作规程正确操作和使用施工机械设备,确保施工安全;

(3)实行持证上岗,责任到人,严格按操作规程作业,实行责任核算制度;

(4)加强施工机械设备的维修、保养,确保施工机械设备始终处于良好的技术状态。

(5)做好施工机械设备的日常管理工作

①施工机械设备的验收、登记、保管工作;

②施工机械设备的运行记录和统计工作;

③施工机械设备备品、配件的供应;

④施工机械设备的节能和技术安全工作;

⑤施工机械设备的经济核算。

(6)做好施工机械设备的革新、改造和更新工作。

4.资金管理

(1)企业财务部门设立项目专用账号,统一对外,项目经理部负责项目资金的使用管理;

(2)项目经理部编制年、季、月的资金收支计划,报企业主管部门审批后实施;

(3)项目经理部及时进行资金的计收。

(4)根据工程变更及发包人违约证明,及时进行索赔;

(5)按规定计算工程材料差价,由发包人确认;

(6)工程尾款根据发包人认可的工程结算金额进行回收;

(7)项目经理部设立财务台账,记录资金支出情况。

三、竣工阶段的项目管理工作

竣工阶段的项目管理又称为项目收尾管理,是工程项目管理全过程的最后一个阶段,也是确保工程项目按合同规定的目标和要求顺利完工,形成合格产品交付使用的一个重要阶段。

竣工阶段项目管理工作的内容包括项目收尾、试运行、竣工验收、竣工结算、竣工决算、考核评价和回访保修等。

(一)项目收尾

在项目竣工前,项目经理部检查按承包合同约定的工作内容,哪些已经完成,哪些尚未完成,完成到什么程度,并将检查结果形成文件。

项目收尾管理工作的内容包括项目施工收尾和竣工资料整编。

1.编制项目竣工计划

项目竣工计划的内容:

(1)收尾项目;

(2)工程内容;

(3)质量标准;

(4)进度标准;

(5)收尾责任人;

(6)收尾验收人。

2.项目竣工计划的审批

项目竣工计划编制完成后,由项目经理进行审核,并报企业主管部门批准。

3.项目竣工计划实施

4.检查、监督和纠正(调整)

在项目竣工计划实施过程中,进行检查和监督,发现偏差及时采取措施进行调整,确保项目收尾计划的完成。

(二)试运行

试运行工作的内容包括:

(1)全面检查;

(2)单机试运行;

(3)联合试运行(无负荷运行);

(4)试生产运行(带负荷试运行)。

试运行完成后应达到下列质量要求:

(1)有完整的施工和试运行的技术文件(技术记录和签证书),经验收证明符合设计文件、规范(标准)及合同要求;

(2)经空负荷(无负荷)和满负荷整套试运行合格。

(三)项目竣工验收

工程项目完工后,施工单位进行自检评定,合格后向建设单位提交项目竣工工程申请验收报告,建设监理单位签署工程竣工审查意见,然后建设单位向有关各方发出竣工验收通知单,按工程竣工验收的有关法规组织项目的竣工验收。

项目的竣工验收首先要成立竣工验收的组织(验收委员会或验收小组),经竣工验收组织审查,确认工程达到竣工验收的各项条件,并形成竣工验收会议纪要和《工程竣工验收报告》,参加验收的各单位负责人在竣工验收报告上签字并加盖公章,竣工验收工作即告完成。

工程项目竣工验收后,由建设单位按有关规定办理工程项目竣工验收备案。

(四)项目竣工结算

当项目具备竣工验收条件后,施工单位要按承包合同约定和工程价款结算的规定,及时组织编制项目竣工结算报告,并向建设单位提交项目竣工结算报告和完整的结算资料,经双方确认后,按有关规定办理项目竣工结算。

办理完竣工结算后,施工单位应按合同约定按时向建设单位移交工程项目和竣工资料,并建立交接记录。

(五)项目竣工决算

在工程项目竣工验收后,由建设单位组织编制项目竣工决算。项目竣工决算是项目从开始筹建到项目交付使用整个过程全部费用的经济文件,它反映了项目建设成果和财务状况,是项目竣工验收报告的重要组成部分。

项目竣工决算的内容包括:

(1)项目竣工财务决算说明书;

(2)项目竣工财务决算报表;

(3)项目造价分析表等。

(六)项目回访保修

项目回访保修制度要求施工承包单位在项目交付竣工验收后,自签订工程质量保修书之日起的一定期限内,对项目进行工程回访,发现由于施工原因造成的质量问题,应负责工程保修,直到正常使用下建设工程的质量保修期结束为止。

项目回访保修管理的内容包括:

(1)制订项目回访保修工作计划;

(2)按项目回访保修工作计划组织回访用户;

(3)编写回访工作纪要和回访服务报告;

(4)严格按相关规定和约定履行服务承诺,搞好质量保修服务;

(5)收集用户对工程质量的评价和意见;

(6)分析质量缺陷原因,总结经验和教训;

(7)采取相应的对策措施,加强施工过程的质量控制,改进和完善项目管理。

(七)项目考核评价

项目考核评价是施工单位对项目实施效果进行的评价和总结,通过定量和定性指标的分析比较,总结项目管理经验,找出差距,提出改进措施和意见。

项目考核评价的内容和程序:

1.制定考核评价办法

(1)项目考核评价的目的;

(2)项目考核评价的机构;

(3)项目考核评价的指标;

(4)项目考核评价的方法;

(5)项目考核评价的总结。

2.建立考核评价组织

3.确定考核评价方案

(1)工程项目概况;

(2)项目考核评价组织的构成情况;

(3)项目考核评价的指标分解;

(4)项目考核评价的时间安排;

(5)项目考核评价的具体方法;

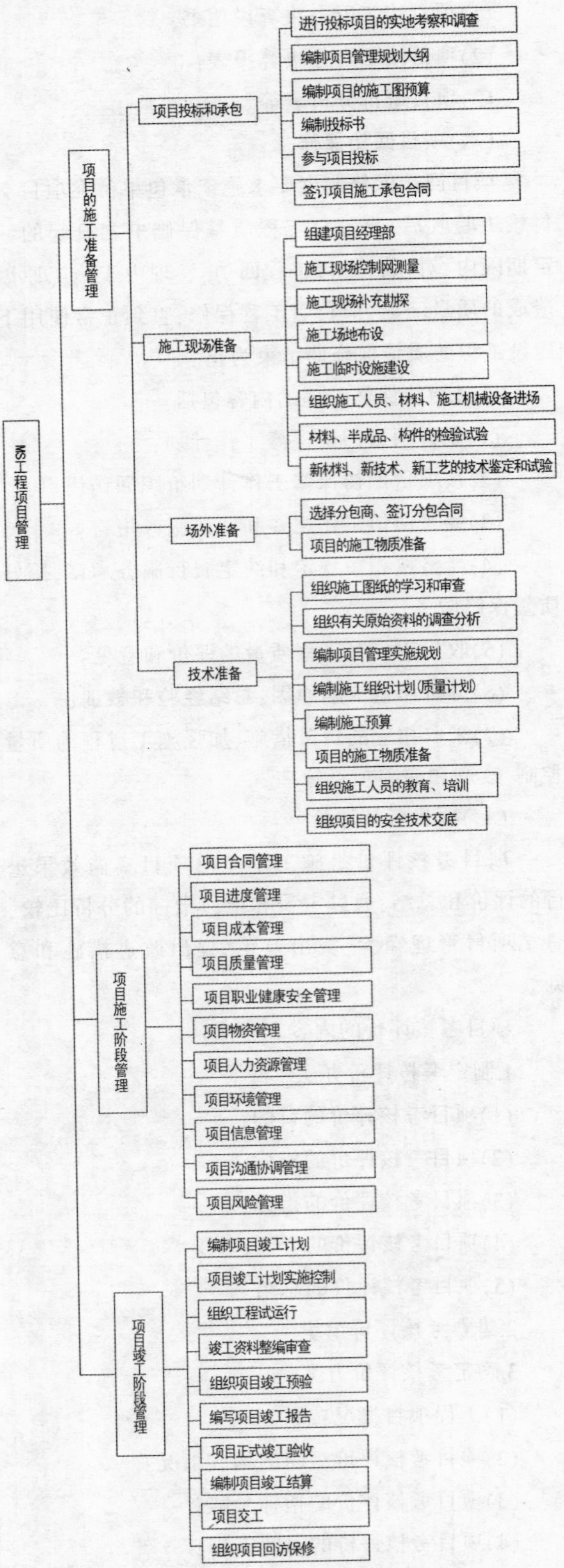

- MS工程项目管理
  - 项目的施工准备管理
    - 项目投标和承包
      - 进行投标项目的实地考察和调查
      - 编制项目管理规划大纲
      - 编制项目的施工图预算
      - 编制投标书
      - 参与项目投标
      - 签订项目施工承包合同
    - 施工现场准备
      - 组建项目经理部
      - 施工现场控制网测量
      - 施工现场补充勘探
      - 施工场地布设
      - 施工临时设施建设
      - 组织施工人员、材料、施工机械设备进场
      - 材料、半成品、构件的检验试验
      - 新材料、新技术、新工艺的技术鉴定和试验
    - 场外准备
      - 选择分包商、签订分包合同
      - 项目的施工物质准备
    - 技术准备
      - 组织施工图纸的学习和审查
      - 组织有关原始资料的调查分析
      - 编制项目管理实施规划
      - 编制施工组织计划(质量计划)
      - 编制施工预算
      - 项目的施工物质准备
      - 组织施工人员的教育、培训
      - 组织项目的安全技术交底
  - 项目施工阶段管理
    - 项目合同管理
    - 项目进度管理
    - 项目成本管理
    - 项目质量管理
    - 项目职业健康安全管理
    - 项目物资管理
    - 项目人力资源管理
    - 项目环境管理
    - 项目信息管理
    - 项目沟通协调管理
    - 项目风险管理
  - 项目竣工阶段管理
    - 编制项目竣工计划
    - 项目竣工计划实施控制
    - 组织工程试运行
    - 竣工资料整编审查
    - 组织项目竣工预验
    - 编写项目竣工报告
    - 项目正式竣工验收
    - 编制项目竣工结算
    - 项目交工
    - 组织项目回访保修

图7 MS工程的项目管理

(6)项目考核评价的结论报告;

(7)项目考核评价的统一表式等。

4.实施项目考核评价工作

(1)听取项目经理部关于项目管理情况的报告;

(2)查阅项目的工程文件、管理制度、各类报表、原始记录等;

(3)考察工程项目现场,召开座谈会,查看场容场貌、质量安全、环境保护;

(4)项目考评组织按专业分工进行定量和定性指标的分析、比较,提出评价意见;

(5)项目考评组织按评价程序对项目实现目标、考核指标完成情况进行评分;

(6)项目考评组织对项目的管理作考核评价。

5.提出考核评价报告

(1)考核评价报告正文。

(2)项目考核评价报告附件:

1)项目考核评价表;

2)项目考核评价鉴定书;

3)其他附件等。

MS 工程项目管理的全过程如图 7 所示。

参考文献

[1]中华人民共和国建设部.建设工程项目管理规范(GB/T50326–2006).北京:中国建筑工业出版社,2006.

[2]中华人民共和国国家标准.质量管理体系要求.(GB/T19001–ISO9001:2008).北京:中国标准出版社,2008.

[3]中华人民共和国国家标准.职业健康安全管理体系要求(GB/T28001–2011/OHSAS18001:2007).北京:中国标准出版社,2012.

[4]中华人民共和国国务院.建设工程质量管理条例.北京:中国建筑工业出版社,2000.

[5]中华人民共和国建设部.建设工程质量管理办法.北京:中国建筑工业出版社,1993.

[6]国家质量技术监督局、中华人民共和国建设部联合发布.建设工程监理规范(GB50319–2000).北京:中国建筑工业出版社,2000.

论建筑施工企业的项目目标责任制管理

张国立

（中国建筑第二局有限公司，北京 100054）

市场就像战场，现场决定市场。对于施工企业来说，项目就是企业的“现场”和“战场”。企业法人主要是通过项目管理团队具体实施项目目标、履约责任并获取效益。由于项目管理的特殊性、复杂性、一次性的特点，合约、技术、商务等诸多因素的变化，企业法人最直接、最有效地同时管理多个项目几乎不可能。达到企业全面掌控项目和项目管理团队的有效途径，就是全面实施以获取效益、项目履约和创优为终极目标的项目目标责任制。项目目标责任制的应用非常广泛，即可将它作为一种计划和控制的手段，又可将它当成一种激励员工或评价绩效的工具。的确，目标管理是一种基本的管理技能，它通过划分组织目标与个人目标的方法，将许多关键的管理活动结合起来，实现全面、有效的管理。本文结合作者所在企业的项目目标责任制的管理实践，着重讨论项目目标责任制在施工领域的应用。

一、项目目标责任制管理的理论基础

1.项目目标责任制管理的含义

有关“项目”的定义很多，国家质量管理标准《项目管理质量指南》(ISO10006)将项目定义为“具有独特的过程，有开始和结束日期，由一系列相互协调和受控的活动组成。过程的实施是为了达到规定的目标，包括满足时间、费用和资源等约束条件”。

本文中的“项目”是指工程领域项目。

项目目标责任制是一种目标管理。所谓“目标管理”就是以目标设置和分解、目标实施及完成情况的检查、奖惩为手段，通过员工的自我管理来实现企业的经营目的的一种管理方法，简称 MBO(Management by Objective)，在日本叫方针管理，在美国及西方国家称为目标管理。

目标管理的理论依据是行为科学和系统理论。亚伯拉罕·马斯洛(A.H.Maslow)在 1943 年《人类动机理论》一文中提出了“需求层次论”，认为人有五种基本需求，并按照“生理需要、安全需要、社会需要、尊重需要、自我实现需要”依次递进，如果企业管理者不注重考虑员工这种逐步往高级过度和转化的需求，那么在无形中员工的生产积极性就会受到压抑。目标管理是以行为科学的中的“激励理论”为基础而产生的，较“泰勒制”管理理论，从“以物为中心”转变为“以人为中心”，从“监督管理”转变为“自我管理”，从“纪律约束”转变为“激励管理”。

项目目标责任制是目标管理在工程项目管理领域的应用，是以目标为导向，以人为中心，以责任为要件，以成果为标准，而使项目组织和个人取得最佳业绩的现代管理方法。

项目目标责任制，明确了项目管理团队的责、权、利，通过授权管理体系及企业一系列管理制度、规则在项目上的有效实施，实现法人层次对项目的管理，是解决企业与项目之间利益最大化的科学纽带。项目目标责任制，是通过行政、经济、法律手段，使得项目团队的管理目标与企业法人目标达成一致；使项目团队的管理目标与业主要求的目标，在以合约为准绳的前提下，用艺术与科学的手段，在对立统一的搏弈中达到双赢、双满意；在与各分供方、分包的管理中，通过科学的管理和艺术的沟通和精细化的过程管理,达到成本最低和双方满意;最终使项目消耗最低、效益最好,从而获得业主、企业、分供方、项目管理团队多赢的局面。

2.项目目标责任制管理的发展进程

"目标管理"的概念是管理专家彼得·德鲁克(Peter Drucker)1954年在其名著《管理实践》中最先提出的,其后他又提出"目标管理和自我控制"的主张。德鲁克认为,并不是有了工作才有目标,相反,有了目标才能确定每个人的工作。

管理学家们曾经做过这样一个实验,把20个学生分成两个组进行摸高比赛,看哪一组摸得更高。第一组10个学生,不规定任何目标,由他们随意制定标准高度;第二组规定每个人首先定一个标准比如要摸到1.6米或1.8米。实验结束后,把两个组的成绩全部统计出来进行评比,结果发现制定目标的第二组的成绩平均成绩要高于没有制定目标的第一组。同样道理"企业的使命和任务,必须转化为目标",如果一个领域没有目标,这个领域的工作必然被忽视。因此管理者应该通过目标对下级进行管理,当组织最高层管理者确定了组织目标后,必须对其进行有效分解,转变成各个部门以及各个人的分目标,管理者根据分目标的完成情况对下级进行考核、评价和奖惩。

目标管理提出以后,便在美国迅速流传。时值第二次世界大战后西方经济由恢复转向迅速发展的时期,企业急需采用新的方法调动员工积极性以提高竞争能力。目标管理的出现可谓应运而生,遂被广泛应用,并很快为日本、西欧国家的企业所仿效,在世界管理界大行其道。

中国大陆现代工程项目实践开始于20世纪80年代。在计划经济体制下,施工管理体制政企不分,20世纪60年代实行的是以施工单位为主的大包干制,70年代是以部门和地方领导为主的指挥部制,施工任务由国家分配,企业缺乏自主权与活力,经营粗放,管理落后,拉家带口成建制总体流动,队伍越拉越大。80年代初,在建设鲁布革水电站过程中,党中央、国务院决定申请世界银行贷款来作为建设投资,并按照世界银行的规定,对项目中的"引水工程"进行国际招标。在引进"外资"和"竞争"的同时,也引进了"低成本竞争,高品质管理"的项目管理理念。在鲁布革经验的基础上,我国于1987年提出了项目法施工,建立了以项目管理为核心的企业经营体制。经过二十多年的生产方式的变革,项目管理在建筑业结出了丰硕的果实。而今全国各地所有工程无不是以新型的生产方式在进行施工建设。不仅找到了项目生产力理论,确立了项目经理部组织形式,而且培养了项目管理团队,建立了项目经理目标责任制基本管理制度。可以说伴随着我国经济体制改革,工程项目管理制度在我国从无到有,目前已经全面推广,实现了理论和实践上的飞跃。

随着项目经理部组织形式的产生,各建筑施工企业就已经结合自身的情况开始尝试实施项目目标责任制管理,从项目经理责任制到项目班子责任制再到项目全员责任制;从无风险压力承包到有风险压力承包等不断的演变,使项目经理部逐步成为一次性临时组织、一次性成本中心、一次性授权管理,使项目目标责任制这种管理制度更完善、更有效。但由于各企业的实际情况不同,所以至今还没有一套标准化的项目目标责任制管理制度问世。笔者所在企业在项目管理方面也经历了从无到有的过程,特别是近几年来,也一直在探索项目目标责任制管理制度的实施。目前为止,已经在所有项目推行以成本控制为核心、以风险抵押为保证的项目目标责任制,进一步激活了企业内部的生产潜力,不仅发展规模不断扩大,而且项目的盈利能力稳步提升,实现了企业良性持续经营。

3.项目目标责任制管理的框架

项目目标责任制是以项目成本控制为核心的项目目标责任体系。全面落实项目目标责任制必须始终坚持"五项原则",全面落实项目目标责任制必须重点抓好"五个环节"。坚持"五项原则"即坚持全面履约的原则,坚持"法人管项目"的原则,坚持效益最大化的原则,坚持项目成本统一标准的原则,坚持效率优先、兼顾公平、严格奖罚的分配原则。"五项原则"是促使项目目标责任制有效运行的内在推动力,

是全面提高项目盈利能力的最高准则。“五个环节”即前期策划、责任体系、月结成本、过程审计、结算收款等项目效益流程。只有五个环节都做到了最佳,项目管理的效益才有可能实现最大化。

根据“五大原则”和“五个环节”的要求,项目目标责任制应该包含以下几个基本框架:

一是目标确定。即根据业主要求、设计要求和企业发展的要求,来确定项目的最终目标和目标底线,并根据目标(通过公开竞聘或择优录用)确定管理团队。这是实施项目目标责任制的关键的第一步。只有制定出科学的项目目标,才能使项目目标转化为项目管理团队的追求目标,才能产生强大的执行力和战斗力。在实践操作过程中,单纯的合约要素往往很难界定出一个切实可行的目标,特别是在企业经营领域不断拓宽的过程中,遇到行业相对陌生的工程项目、处于战略需要而承接的低标工程等,很难以单纯的合约要素去界定。但从企业发展的角度来看,做项目辛苦一年甚至几年,投入了大量的人力、物力、财力,如果没有赢得效益,没有为企业培养一大批人才,没有形成自身的核心技术,企业发展就成为无源之水,上级领导不认同,职工不满意,公司的总体目标难以完成,之前所做的努力也会付之东流。因此在重视科学性和激励性的前提下,需要更加注重心态调整和感情引导,甲乙双方充分参与,才能制定出合约双方均认可的项目目标。

二是目标分解。管理学上有一个常用语就是“赏罚分明”,只有把责任“分清楚”,才能谈得上“明赏罚”,目标分解就是要“化整为零”,分清目标责任。按照工程项目的外业管理、内业管理和行政管理三大部分,根据职责把总目标分解为分项目标,包括部门目标、岗位目标;根据工期把总目标分解节点目标。激发员工自我管理,自己做自己的老板,将普遍存在的“被动管理”转化为“主动管理”,变“要我干”为“我要干”,提高管理的绩效。在目标分解过程中,需要全员参与,才能实现压力逐级传递和压力到动力的转化;各分项目标的要求总和要大于总目标,从而为总目标的如期完成提供支撑。

三是绩效考核。由项目管理团队或上一级组织依据总体目标定期对分项目标和节点目标进行考核,依据考核结果及时修订优化分项目标和节点目标,使之更具操作性和有利于工序衔接,为完成总目标提供支撑,并最终完成目标。绩效考核设计是基于对员工和团队的业绩进行评价,并进行薪资捆绑,所以考核问题对于员工来说是非常敏感的问题,容易把应对考核作为工作的核心,而对考核发现的问题不能很好加以解决,从而使考核成为管理的障碍。因此,在考核过程中,需要把握三个环节。一是做好考核前的宣传教育,树立管理出绩效,而非考核出绩效的观念,正确认识考核的作用,使考核成为大家愿意接受的业绩检验,成为顺利完成目标的必然;二是运用系统的方法优化考核体系,认真准备,运用过程的方法查缺补漏,在过程中发现的问题及时修补整改,把解决问题作为考核的出发点和要点;三是建立PDCA绩效管理循环系统,将绩效管理的焦点聚焦在提高管理上,建立管理者与员工的绩效合作伙伴关系,消除管理者与员工之间的对立情绪,为管理者和员工营造一个共同创造绩效良性循环的管理环境。

四是奖罚兑现。奖罚兑现直接决定着项目目标责任制的公信力。在公司推行项目目标责任制初期,许多项目管理者都不相信能拿到比别人多的兑现,即使完不成目标也不会受到处罚。其中有一个项目是公司处于战略考虑承接的低标项目,工程单价低于当地市场价格,在签订项目目标责任状的时候,明确只要不亏损(公司的目标底线)就可以拿到奖励兑现。在施工过程中的定期考核时发现,该项目有着潜在的巨大亏损风险,项目管理团队没有拿出相应的应对预案,东挪西借主要靠现金流勉强支撑,多次受到业主投诉,而且现场浪费现象严重。根据项目目标责任状的有关条款,公司首先调整了班子组成,停发了项目管理者的岗薪,并协助现场管理者制定了扭亏预案,修正了项目目标责任状中的不适合条款,并限期改正。接到整改通知后,项目管理者意识到公司在“动真格”,认真对待项目目标责任制,通过目标分解和压力传递,使现场面貌焕然一新,经过努力不仅实现了扭亏,而且最终实现了盈利,受到业主的表扬,为下一步经营开拓奠定了良好基础。

二、项目目标责任制管理的现状分析

作为一种项目管理模式,项目目标责任制是从不断重复出现的项目管理实践中发现和抽象出来的规律,是在建筑市场充分竞争的前提下,应运而生的项目管理理论和实践,是由建筑市场的供求关系决定的,也是在不断发展变化的。

改革开放初期,在市场竞争不充分的情况下,企业推行项目经济目标承包责任制。这是企业在项目目标责任制方面的最早的探索,是基于盈利能力的项目目标责任制,也是企业追求利润最大化本质的市场反映。这种模式打破了以前"大锅饭"的利益分配制度,强调分配差异化,把企业效益和个人利益统一到项目管理过程中,充分调动了项目管理团队的主动性和积极性。但由于企业的经营者和项目管理团队对项目的最终责任理解不全,习惯于追求经济效益的快速增长,忽视了业主的利益和企业长远发展,容易出现项目工期拖延、工程质量不高等现象,遭到业主投诉。

随着市场竞争的加剧和充分,单一的项目经济目标承包责任制难以适应市场的需要,代之的是项目目标责任制。这是目前最为流行的项目管理模式,不仅反映出企业追求利润最大化的本质,强调盈能力,同时关注业主利益强调履约能力,而且更加注重企业发展,强调人才培养。

当然,我国的项目管理理论仍是一个新学科,起步较晚,需要进一步发展和完善。特别是随着社会的进步,经济管理理论中的企业概念已经逐步从"经济人"转向了"社会人",企业社会责任已经成为社会各界对企业的普遍关注,以人为本的"科学发展观"以及保护环境、节约资源的"可持续发展观"也取得了越来越多的共识。在项目管理过程中,文明与环保的理念逐渐从幕后推到前台,从次要地位、从属地位变成了项目管理的重要目标和要素之一,成为影响项目管理成败的关键。这些都需要在项目目标责任制实施过程中加以关注。

三、项目目标责任制管理存在的问题分析

1.项目成本测算不够精准

在项目目标责任制实施过程中,项目成本测算是第一步,也是最关键的一步,目前大多数施工企业还没有自己的内部定额,大都是靠经验来测算项目的成本,所以项目成本测算不够精准是普遍存在的问题。而成本测算是否精准直接影响项目目标的科学性,成本定得太低,管理压力大,影响项目管理团队的进取积极性,没人愿意接手;成本定高了,目标不具备挑战性,项目目标责任制就形同虚设。企业利益和个人利益都会受到损失。比如有一个土建项目,工程造价 1.5 亿元,确定上缴利润目标是 750 万元,项目结算后最终利润是 1 200 万元,按照责任状约定,项目部除了可以拿到完成目标的奖励外,超出目标部分利润由项目班子和公司按照 6:4 比例分成,项目部可以拿到非常可观的收入。

2.项目责权利不够清晰

从字词含义上来看,"项目目标责任制"包含了"目标"和"责任"两个关键词。在实施过程中,由于传统观念的束缚,往往会出现没有明确的奖罚作为约束、没有合理的授权作为支撑的现象,就会形成有"目标"没"责任"、有"责任"没"授权"的局面,项目的责权利不清晰、不对等的情况,从而影响项目目标责任制的功能发挥。

3.风险抵押不够彻底

风险抵押主要有两种方式,一是以现金的形式,二是以房产等实物抵押。虽然,现在都在推行风险抵押制度,但大都只是形式上的抵押,项目真正做亏损了,考虑到各种因素,企业基本上没有把抵押金或房产收回。风险抵押时实施项目目标责任制的保障。但在推行过程中,过多地添加人为因素,对风险抵押变通、甚至变相执行,影响项目目标责任制的约束力。

4.考核体系不够健全

在项目目标责任制考核过程中,仍旧沿用过去的考核思路,以单一的经济指标考核为主,以对公司

的利润贡献的多少来确定奖励基数，缺乏量化、细化的考核标准。加之对成本测算不精确，对于一些“先天不足”的工程项目，由于成本较低，对公司的利润贡献少，在考核时容易忽视了项目管理者后天的努力。最关键的是项目实施过程中的考核力度不够，基本上都是项目结束后进行考核，导致考核的约束力和执行力不够好。

5.奖惩兑现不够及时、大胆

奖惩的结果是项目目标责任制执行的最后环节，是推动项目目标责任制制度实施的关键。但有些企业在奖罚兑现时，存在几个弊端，一是周期太长，一拖再拖，不能及时兑现奖罚，失去了激励的作用。二是企业不能完全兑现承诺，影响了项目人员的积极性。比如有一个住宅项目最后的预算外签证和结算效果很好，按照责任状约定项目班子要拿到500多万元的奖励，企业觉得额度太大，领导三番五次的谈话做工作，最后只给了100多万的奖励，使项目人员积极性大打折扣。三是有的只奖励不处罚，影响项目目标责任制的公信力和约束力。笔者所在的单位在推行项目目标责任制的初期经常出现亏损的项目，给企业造成了很大的经济损失。目前采取了一项硬性措施，就是对于非政策性做亏损的项目，其项目经理除了承担相应的经济处罚外在五年内不得在担任项目经理。例如有一个电厂项目，按照中标的价格测算，基本上就是亏损的项目，起初有几个单位都提出了不干的意见，最后采取项目全员承包的方式，而且奖罚条款非常清晰和有激励约束效果，项目部的每个成员都有很强的成本意识，最后这个项目盈利700多万元，项目部的成员也得到了相应的奖励，该项目已成为企业内部的经典案例。

6.目标责任制体系不够健全

项目目标责任制是一个体系，不仅仅是一个甲乙双方的合约关系，要想真正发挥项目目标责任制的作用，需要相应的决策体系、策划体系、执行体系、考核体系等作支撑，需要一个标准化的责任书版本。到目前为止都是各企业自行制定的本企业的版本，缺乏统一性和权威性。

四、提高项目目标责任制管理水平要做到四个“必须”

1.必须正确认识目标责任制管理的精神内核

(1)项目目标责任制管理的终极目标

项目目标责任制的终极目标是实现履约和盈利的完美结合。项目应当尽可能多地取得净收入，实现盈利最大化，这是项目经营成果的最主要体现。为了项目的盈利和企业的长远声望、生存和发展，必须做好项目的全面履约。项目履约和盈利是辨证统一的关系，是相辅相成、相互结合的。项目目标责任制通过合同书，通过完成多项复合型的成本、质量、安全、工期等责任目标后，明确了项目经理或团队的收益。项目目标责任制为实现项目的终极目标提供了最重要的规章制度和操作方法上的依据、支持和保障。

(2)项目目标责任制管理的核心

项目目标责任制的核心是成本管理。在项目管理中，成本管理是最重要的一环。工程项目可以通过粗放投入的方式保证质量、安全和工期，也可以通过集约节省的方式达到同样的目标，这就体现了项目成本管理的能力和水平。项目目标责任制的核心就是落实成本管理的责任，全面对主辅材料、台班租赁、财务资金、工资支出等进行成本控制，最终实现项目又好又省地建成完工，为企业发展提供利润动力源。

(3)项目目标责任制管理的根本方法

项目目标责任制的根本方法是责权利的高度统一。实施项目目标责任制的根本方法，是进一步明晰责权利的相对应关系，做到三者的高度统一。以责授权、以权保责、以利激励尽责。在项目目标责任制责权利中，责任要明确，权力要恰当，利益要合理。权力在哪里，责任就应该在哪里，效益目标在哪里，权力责任也就应该在哪里。如物资采购权、劳务选择权在哪里，成本和效益就该有哪里负责，不能责权脱节，有多大的权力就要承担多大的责任，承担什么样的责任就应当享有什么样的授权。当然，项目的责权利不仅仅是项目班子的责权利，项目目标责任制也不仅仅是项目经理部的责任制，而是围绕项目这个基本单元发生的各级次责权利对应关系。所以,在考虑项目责权利时,也要考虑各单位和项目其他骨干围绕项目发生的责权利关系,要做到责权利对等。

(4)项目目标责任制的控制精髓

项目目标责任制的控制精髓是编制现金流量表。分析笔者所在企业实施项目目标责任制的成功范例,是在成本控制上坚持提前策划,认真分析,编制项目现金流量表,这是项目目标责任制的亮点特色和控制精髓。所有的资源计划都需要资金来保障,而项目目标责任制要求的项目现金流量表就是以工期履约为龙头的资源保证计划。项目从策划书开始,到具体的工期计划、资源配置计划,最终体现在现金流量表上。现金流量表看起来简明扼要,但编制过程是个系统工程,它体现了项目管理的资源控制计划,是纵和横的结合,"纵"体现在项目实施过程的资金需求上,"横"体现在同一时点综合考虑各种因素后的资金需求上。

(5)项目目标责任制管理的生命力

项目目标责任制的生命力在于不断创新和发展。只要是有利于企业发展,有利于项目收益的提高,在保障企业利益的前提下有利于员工收入的提高,就可以对项目目标责任制进行大胆的创新和尝试。针对项目的特点丰富和创新项目目标责任制的其他内容,使项目目标责任制的执行更具活力和生命力。

2.必须建立健全目标责任制的管理体系

(1)决策体系

建立健全决策体系是实施项目目标责任制管理的前提。项目目标责任制是企业适应市场规律的载体,必将随着市场的变化和企业发展的要求而不断完善。实施项目目标责任制不仅需要精确的成本测算,更需要一个具有高瞻远瞩、能够洞察经济走向的决策团队和一个民主集中的决策机制。

(2)策划体系

夫未战而庙算胜者,得算多也。也就是说,在开展之前,经过认真推算,周密筹划,在确定有利的条件充分、预计能够取胜的情况下再开战,胜算的把握就大。打仗讲究策划,做项目也不例外,实施项目目标责任制,需要强大的策划体系来作支撑。近两年来,笔者所在的企业新开工的各项目等均进行了前期策划,特别是对项目潜在的风险进行了详细深入地分析,提前发现,及时化解,有效降低了各项目的运作风险。

(3)执行体系

即从项目层面上,根据工程项目的外业管理体系、内业管理体系和行政管理体系的需要,打造几套、甚至几十套能够满足项目管理需要的项目班子、管理队伍、技术队伍和作业队伍;从公司层面上,以公司总部建设为切入点,从制度健全、强化执行、严格考核三个方面考虑,认真抓好营销、经济、资金、工程、人力资源和党群六大工作体系建设,明确了公司、分公司、项目三级的岗位设置、岗位职责、目标责任,为项目目标责任制的执行落实提供支撑。

(4)考核体系

即建立健全一套业务熟练、岗位配套、职责明确的考核团队,就是要法人层面的人事、生产、合约、资金、审计等项目相关部门全部参与各环节的考核。建立健全一套目标明确、指标量化、操作性强的考核办法,建立健全一套适合企业特点的考核制度。制度一旦执行,任何人都不能违反和逾越。最重要的是要坚持过程考核和终极考核相结合的考核方法。

3.必须抓好项目目标责任制管理的核心环节

(1)目标确定要科学客观

在目标的确定上要做到科学客观,就一定要做到流程要完善、职责要清晰、手续要完备。

经营目标。经营目标体现在上缴收益的额度或比例上。这个目标要科学测算,主要是针对项目成本的静态测算得出预期收益,但不是简单的标价分离。预期收益要科学,通过项目部努力都可以达到。初始经营目标做到完全准确是不现实的,这其中有业主问题、图纸问题、价格变更问题、结算效益问题等,牵涉到"二次经营"、"三次经营"问题。所以,初始经营目标的确定应当结合当地市场的实际和行情。如当地行情是5个点,就可将这5个点作为基准线,在这5个点的基础上,再考虑资金占用的额度、占用时间等其他因素,然后适当增加点数,以累加的新点数如

7个点为经营目标，进行考核兑现。在初始经营目标的确定上，主要不是精算的技术问题，而是方法和心态的问题。只要方法正确，心态宽广，就可以科学测算出双方认可的、比较符合市场实际的客观经营目标。这个目标是最终兑现的主要依据。

管理目标。主要指质量、安全和工期。工程质量是百年大计，安全生产人命关天。要真正从思想上重视起来，树立以质量、安全取胜的理念，树品牌、创精品。正确处理好工程质量、安全和工期的关系，质量和安全是工程的生命线，必须在保证质量和安全的前提下追求工程进度，切不可一味偏面地追求进度而放弃了质量和安全，要将工程质量终身责任制纳入项目目标责任书的内容。

在工期履约上，一定要严格按照合同规定的工期组织施工。在进行资源的计划和供应时，一定要树立具有压倒性优势配置资源的战略理念，要有足够的超前性和富余量，满足施工高峰的需要，按期实现合同的履约目标。同时，要处理好赶抢工期与科学系统管理的关系。公司的单项合同额越接越大，没有周密的计划是不可能按期完成的。每天的工作目标要保月度工作目标，月度目标保季度目标，季度目标保全年目标，最后确保整个目标的实现。既要有点状的工作目标，也要有系统的进度计划。工作不管有多难，只要有周密、详细的计划，就会克服困难，取得胜利。笔者所在企业目前施工的工程来讲，工期都是一压再压。因此，在工期履约上，必须实现观念超越，倒排计划，认真组织，确保安全优质、按时履约的工程建设目标。管理目标实现也应体现在过程激励中。

成本目标。项目成本管理作为提高项目盈利的关键，是项目管理的重中之重。在成本目标的确定上，必须明确量耗指标、价格管理指标、设备耗用、资金占用、管理费用等。考核的标准是量的消耗、价的控制和时间的占用。在项目成本目标的控制中，要以制度化、标准化、规范化、精细化的“四化”理念统领成本管理的全过程，成本管理的核心是精细化管理。“精细”是一种意识、一种认真态度、一种理念、一种精益求精的文化。“精细”强调目标细分、任务细分、流程细分。一个项目从建立到结束，其管理是否精细，是否做到了极致，首先要看结果，看是否给企业上缴了利润，是否给职工带来了利益，是否为企业创造了社会信誉。所以一定要将成本的精细化管理作为追求的目标，对成本目标要进行层层细化分解，挖掘效益源泉。同时，要处理好大投入与费用过程精细化管理的关系。几个大项目的特点是工期紧、投入大，要求反应迅速、决策果断，但这并不等于可以大手大脚，一定要在施工过程中注意费用的精打细算，要有周密的使用计划和过程精算。通过细化精算，确定出成本目标。这个目标是过程激励的主要依据。

人才培养目标。要始终坚持人才兴企战略，通过大型项目、关键岗位、培养和锻炼专业技术人才，明确具体的人才培养目标。大型项目有责任、有义务为企业培养更多人才，项目经理部一定要建立人才培养机制，通过大项目的运作，实现一个项目经理部能“裂变”成两个和两个以上项目经理部，让一大批项目管理人才脱颖而出。各单位要大力支持项目出人才，并纳入项目考核体系。

(2)过程控制要严谨

预算编制要精准。项目要有很强的预算编制能力，要有明晰的现金流量表。每个项目在开工后一定时间内一定要报出总预算，预测出整个工程项目的制造成本情况，排出开工到完工的现金流情况，编制好现金流量表。要按“以收定支”原则，月度预算要明确每一笔资金的走向，没有预算的资金原则上一律不许支付。同时，要综合运用企业商业信誉、商业承兑汇票、银行承兑汇票等各种支付方式，尽量减少资金占用与资金成本。要坚持“以月保季、以季保年”的原则，以滚动预算为手段，实施动态管理，加强对预算执行情况的监控和分析。通过预算管理和业绩指标分析评价机制，严格控制各个环节的经济活动，控制成本和费用的增长。企业内部要建立现金日报制度及资金周报制度，通过信息平台，随时监督各项目每天的现金流。要建立企业内部信用额度管理，提高项目团队的信用理念。要明确项目经理是催收应收款项的第一责任人，项目占用资金必须进入项目成本，要通过实施项目资金占用利息等制度，启动内部经济杠杆来控制和催收应收款项、库存及资金的占用，有效调节资金投向、规范日常经营。要建立以回款为基础的各项考核指标体系等一系列促进企业资金良性循环的政策，使企业资金运作处于健康发展状态。

授权管理要明确。要规范授权管理，坚决杜绝无授权、超越授权的行为，特别是合约的授权。对适用范围、授权方式、授权审批程序、授权终止、授权变更程序等分别作出规定。如对项目授权上，在合约集中管理的前提下，可根据项目实际情况将少量的材料采购、劳务分包、专业分包等，以授权委托书方式授权给项目。企业对出具的授权委托书、授权审批表及相关资料要建立档案。没有授权、超出授权和授权终止后继续行使的授权行为，给企业造成损失的，将依照企业相关规定对其进行处理，并按有关规定承担民事赔偿责任和法律责任。

预警机制要建立。要建立工程项目预警机制，可成立由相关部门组成的工程项目管理委员会，及时对工程进展过程进行分析和评价，特别是项目的质量、安全和工期、工程款回收，及时发现问题，解决问题，防止问题的扩大和延伸，使项目始终处于受控状态。

结算控制要跟上。项目在开工时就应策划项目结算目标，在项目结束后及时进行债务锁定。在进行结算策划时，要处理好与业主的关系，争取做到及时封闭成本并及时与业主进行结算。在确定项目竣工后要组织相关部门全面研究结算问题，并按规定时间向业主报送结算资料。对结算收款中的项目尾项服务，如及时收款、工程保修等，要与项目最终兑现紧密挂钩。

审计控制要到位。工程项目审计是必不可少的环节，目的是防范漏洞和风险。尤其是对于占用企业资金的项目更要进行审计，覆盖率必须达到100%；审计结果作为对项目所在班子进行考核的重要依据之一。通过过程审计，查明其列帐的真实性，拖欠款的原因以及存在的风险，努力降低应收工程款，减少经济损失，提高企业经济效益。

(3)兑现要有激励性

理清观念上的误区，考核兑现的指标一定要体现出激励性。只要项目团队达到了项目目标责任书的要求，就一定要兑现，这是个诚信问题。作为企业层面要科学决策，作为项目层面签了就得全面执行，双方都要讲诚信。因此，在兑现时不要犹豫，只要结算收款完毕，收益就要及时兑现。如果有问题和瑕疵，可以不断修正。如通过二次经营、三次经营结算出了超额效益，也要按一个合理的比例，由企业和项目团队分享这超额利润的成果，鼓励大家合理致富，同时要注意调动其他骨干的积极性。当然，也不能因结算效益掩盖管理中的漏洞。要加强过程管理，处理好总体目标与过程激励的关系，搞好过程激励。如通过成本目标的细化，进一步明确节点和专项工作节约成本的奖励标准，让所有员工都能在过程中享受降本增效的节余收益。

(4)担保抵押要有力度

担保抵押作为签定项目目标责任书的一种责任约束形式，目的是增强项目团队风险责任意识。可根据项目具体情况，由项目核心团队按比例交纳现金和有关资产抵押，这种担保抵押不要做表面文章，不要走形式，一定要具有实质性和可操作性，额度上要有震撼力，程序上要有法律上的效力，增强责任感，确保项目目标责任制的有效执行。

4.必须建立项目目标责任制管理的保障体系

(1)经济体系的建立

要围绕项目目标责任制的落实，不断提升企业盈利能力，加大企业经济管理与技术管理两大体系建设力度。项目的主管单位要有两个体系建设的总体思路、基本大纲和规划步骤。通过三到五年的努力，形成在业内领先的技术和商务管理体系，满足国际国内一体化、设计施工一体化、投资建造一体化的要求。同时在打造技术经济型项目方面，要做到超前思考，吸收现阶段国内外优秀管理成果，创造出具有竞争力的特有的管理模式。

要建立一套适于推进项目目标责任制和经济管理的报表体系、评价体系和管理体系。这套体系应是以目标预测、过程控制、激励约束为手段的管理。它不受国家的一系列财务会计规定的约束，完全是内部经济管理的制度体系，不对外公开(按照国家规定的财务报表体系最后报出的报表，是阶段性对企业管理成果的检验和评价)。出台《项目经济指标季度分析报告》报表制度，以项目为责任主体，反映项目工程进展、资金回笼、毛利率水平、目标利润、资金占用、主要材料价格等各项主要经济数据。通过分析报告，及时了解所有项目的各种目标实施情况，结合工程管理，指导项目更好实现项目目标责任书的内容。依据自身情况建立有针对性、有浮动指标的管理体系。如设备折旧问题、对项目收取财务成本问题、不允许扩大企业消耗性贷款问题等，这些都是企业根据自身情况提出的。某些单位毛利率比较高，企业利润也不错，但资金紧张，这就是内部评价标准和体系建设有问题的影响。所以作为建筑施工企业，牢固树立资金要素是生产经营活动最重中之重要素的观念，在推行项目目标责任制的过程向项目收取资金占用费的底线不应低于银行同期贷款利息，这个地线一旦制定任何项目都不能违背。

(2)科技体系的建立

要想提高项目的履约能力和管理水平，必须要建立一套规范实用的科技管理体系。一般性施工项目要大力推进项目总工兼生产经理的组织架构。要注重项目施工技术科技的总结提炼。如施工组织设计、技术方案、科技攻关的研究与技术总结。一方面各专业要总结出有自己知识产权的技术经验，另一方面要总结和开发大体量城市综合体的总承包管理模式与经验等，逐步向交钥匙工程管理方向迈进。通过科技体系的建立达到技术领先的目的，以此来赢得更多的社会信誉。

(3)人力资源体系的建立

深化项目目标责任制、实现履约和盈利的目标都要由项目管理团队来实现。项目管理团队这支拼杀在企业盈利第一线的突击队已成为公司与顾客交往的“窗口”，成为公司品牌代言人。因此，必须打造一支能适应严峻挑战、综合素质优异、管理技能全面的项目管理团队。为让项目团队及早介入项目目标责任制的运作过程，有条件的单位要在工程项目进入投标程序前，选择好一支合适的项目团队参与对招标文件的各项条款及合同要求的评审，如项目团队通过商务策划和测算认为有把握承接工程并能满足企业管理要求，经过企业各部门评审并报领导批准，方可进入投(议)标阶段。工程项目合同签署后，应由专人向承担履约责任的项目团队进行合同交底。企业经济主管部门按照前期测算和项目合约具体情况，制定出项目责任书的各项目标。要严格按照“法人管项目”的理念，把企业管理的各项要求反映在责任书中。同时，对于项目团队要履行承担的职责和管理指标要清楚地列明。

(4)优秀项目团队应具备的能力

先进的管理理念。首先对生产要素进行优化组合，认真进行履约经营，把工程的施工、竣工、交工、结算等当作市场的特殊交易行为，尊重、利用和依靠市场来取得施工项目管理效益。其次能充分重视、协调和控制各项管理工作之间的关系，发挥整体功能，加强动态管理，提高应变能力，从而取得工作的主动权。最后能突破传统，变生产性内向管理理念为经营性外向管理理念；能树立战略观念、用户观念、效益观念、竞争观念，变革和创新观念；能把握时机，精打细算，准确预测，提高效益。

科学的施工组织能力。从现场的布置、临建的搭设、施工方案的制定、材料设备的选定、工程的实施到竣工验收等，每走一步都能仔细斟酌，制定最优化的施工方案，同时认真落实实施。在提高人员素质和工作规范化的基础上，实行生产、技术、经济、行政高度统一的指挥和管理，并将这些内容，通过项目目标责任书细化到各个分部、班组，责任到人。

高超的商务策划能力。商务策划就是从事商务活动的策略，是发现并应用规律、整合有限资源、实现最小投入最大产出的商务过程。所以在进行项目商务策划时，要根据业主情况、合同情况、所处地域和商务环境进行认真的策划分析，包括项目的效益分析及总预算编制、成本控制、风险管控、索赔策略等。

强大的内外资源组织能力。在技术层面上，建筑行业目前的技术和资源已较成熟，考验的是组装社会资源的能力。针对项目,能够从多大的范围、多高的层次、多强的密度去组织资源,直接决定了项目的价值创造能力和发展边界。一定要认真寻求并整合一切对自己发展有利的知识、技术、人力等资源。在分包资源的组织中,要定期分析企业和分包方对合同的履约情况,及时发现合同履约中的问题并纠正。能进行有效履约跟踪和完工总结,并做出客观评价,不断积累优势资源。

(5)要打造出优秀项目团队和品牌项目经理

优秀的项目团队对每一个成员都是一种促进和激励。一个团队是否优秀,不是自己说了算,要由市场来评判。从企业内部来说,优秀项目团队体现在其业绩、团队建设等各方面的口碑;另一方面就是客户以及其他社会公众的认可程度。

优秀项目团队和品牌项目经理的打造,需要依托制度化的管理。企业管理制度的精华基本显现在项目目标责任制中,各级项目团队要把自己的团队目标、团队精神、团队理念、团队文化通过项目目标责任制渗透到团队建设的每一个环节中,让团队的每一个成员共同遵守和维护,只有诚信地实现项目目标责任制规定的目标,实现履约和盈利,才能为创出优秀项目团队和品牌项目经理打好基础,才能在企业大发展的天空上展翅飞翔。

五、结 论

1.实行项目目标责任制管理有利于项目盈利水平的提高

项目目标责任制的核心是成本控制,其着眼点就是提升盈利能力。企业和项目之间,项目集体和班子个人之间均通过合约的形式,明确各自的目标和责任,有利于发挥各自的能动性,最终形成合力,以最小的投入获得最大的收益。笔者所在公司对项目全面实施目标责任制管理,尤其是在推行项目目标责任制方面,克服了领域跨度大、技术含量高、潜在风险多等不利因素,抓好五个环节,确保目标责任制的项目覆盖面达100%,项目的盈利能力得到明显提升。

2.实行项目目标责任制管理有利于项目管理水平的提高

项目目标责任制虽然强调盈利能力,但不仅限于盈利能力的提升,更加注重履约能力的提高。在实施过程中,各项目认真做好前期策划,细化责任体系,重视成本核算,正确对待过程审计,抓好结算收款等项目效益流程"五大环节"。对项目潜在的风险进行了详细深入的分析,提前发现,及时化解,有效降低了各项目的运作风险。全面推行项目成本月报制度,发现亏损苗头及时采取补救措施,确保成本风险处于可控状态。直管项目成本月报定期报公司财务资金部,确保公司行政一把手随时掌握各项目成本情况。经过努力,笔者所在公司 2009 年已经竣工的 31 个项目中,有 21 个项目已经完成了结算,结算率为 67%,应收款项回收率 98.43%。同 2008 年相比,公司的利润额增加了 133.33%,在施项目 2009 年全年获得业主及上级嘉奖累计 300 余万元。

3.实行项目目标责任制管理有利于企业的人才培养

与以往的项目经济指标承包责任制相比,项目目标责任制增加对企业发展后劲的关注,有利于人才的培养。在实施过程中,项目目标责任层层分解,压力逐级传递,目标与个人收入直接挂钩,相互之间多了一些沟通和协作,少了一些隔阂与壁垒,有利于新员工的快速成才。

4.实行项目目标责任制管理有利于建筑施工领域的规范管理

项目目标责任制强调企业的社会责任,着眼于长远发展,依据国家法律、法规和行规,以合约的形式对项目行为进行了约定,确保项目行为合理合法,有利于规范建筑领域的规范管理。

5.实行项目目标责任制管理有利于企业品牌和形象的树立

项目目标责任制是企业提升盈利能力、履约能力和发展能力诉求的表现形式,不仅重视企业自身的利益,更关注业主的利益和社会责任,通过三个"能力"的提升,在完成项目任务的同时,为社会发展做出了贡献,有利于树立企业的品牌和形象。

中国国有企业海外责任的思考

姜思平

(中国建筑股份有限公司阿尔及利亚分公司，北京 100125)

摘　要：本文从中国建筑股份有限公司(以下简称"中建")国际工程承包的实践出发，针对国有企业的海外经济责任、海外政治责任、海外社会责任及海外文化责任等方面进行探讨。

关键词：国有企业，海外责任

国有企业特别是中建这样的中央企业，近年来采取多种方式"走出去"，对外投资合作取得长足进展。2010年，中央企业对外直接投资达到499亿美元，境外工程承包营业额达到538亿美元。中央企业在海外承建了一批标志性工程，获得了一批重要能源资源，建设了一批技术研发中心，输出了一批成套技术装备，带动了一大批中小企业集群式"走出去"，为扩大国际市场份额、提升产业国际竞争力做出了积极贡献。中央企业已成为在国际竞争中与跨国公司同台竞技的重要力量，被一些发达国家视为最具威胁力的竞争对手[1]。

国有企业，包含国家的属性，在不同的国家，不同的体制下，不同的所有制下，表现不同，各具特点。中国国有企业包含中国特色社会主义国家的属性，中国特色社会主义的一个重要特征是公有制为主体，国有经济是公有制经济重要组成部分，国有企业作为国有经济的代表，其地位和作用是与公有制的主体地位相适应的。这是超越企业经济责任的行为，主要表现为社会责任和政治责任。我国之所以能够从容应对国际金融危机，并继续实现经济稳定增长，一个重要原因就是拥有强大的国有企业，使政府宏观调控得以有效落实。我国国有企业，是维护国家经济、科技、国防安全的基础，是国家财政收入和民生建设的支撑，在国民经济中发挥着举足轻重的作用，是促进中国经济发展和社会进步的主导力量。

国有企业从产权上是国有，从性质上是企业，经济责任是由企业这一配置资源的组织形式的责任产生的，即目标是为了赢利。从目前的行业分布看，90%以上的国企处于高度竞争的行业。改革开放以来，我国国有企业经过多轮市场化的改革，在竞争中获得长足进步，不断地做大、做强、做优，成为各行业发展的龙头，承担支撑国民经济发展和国有资本保值增值的双重任务，引领中国企业的发展，并且与大型跨国公司在世界市场的竞争中相抗衡，是我国参与国际竞争的国家队。

国有企业的海外经济责任

国有企业要承担海外经济责任。当代国家间的竞争，在经济层面，直接体现在各国企业间的竞争。长期以来，欧美等发达国家的跨国公司依靠各母国政府的大力支持，通过包括外交在内的各种手段，在全世界范围内，在一些自然垄断性行业，尤其是高速公路、港口、机场、电网、电站等，一直占据主导地位。随着中国国家力量的增强，在国际上拥有越来越多的话语权；随着国有企业的整合和壮大，越来越多的中国国有企业跻身世界500强，国有企业的国际竞争力也在不断地加强，一些企业甚至在某些方面接近或达到世界先进水平，在国际竞争中影响力也越来越大，已经具备了发展成为世界一流企业的基础条件。而新一轮全球产业结构布局大调整，致使我国新兴产业与许多发达国家位于相对比较接近的起跑线上，为中国企业实现赶超和跨越式发展提供了难得的历史机遇。越来越多的企业成为有能力、有实力、有经验、有资源、具有国际化大视野的跨国公司。国有企业经历过金融危机的考验，在国际市场上是越战越强，越做越优，在为国家赢得行业声誉的同时，也创造了可观的经济效益。

但也有一些企业，过于强调开拓市场和扩大成交额，追求数量、规模、速度等，经营思想粗放，不计风险、不作选择的进行资金、物资、劳动力等的投放，盲目的铺摊子、签项目；缺乏对国际市场深入的调查研究，缺乏系统的科学论证和分析；在一些商业活动中，缺乏风险意识，不善于趋利避害，不审慎分析盈亏可能性，片面强调对市场份额的占有和成交额的扩大，导致项目签约之日，就是经营亏损之时。近十年来，不乏大型国企和知名民企海外投资并购失败的案例，而作为具有资金优势、人才优势、资源优势的国企而言，应该在实现自身海外经济责任的同时，对中国其他各类企业起到引领作用，为整个“走出去”企业提供指导和借鉴。

1982年9月7日，中建召开办公会议，做出了根据中央“重义、守约、薄利、保质”的方针，在阿尔及利亚开展承包业务的决定，并在阿设立经理部(后成立分公司)。经过30年的发展，中建阿尔及利亚分公司已成为当地最大的建筑承包商之一，积累了丰富的市场经营管理经验，多年来一直作为在阿中资企业协会的会长单位，至今已经直接引领和带动国内30多家建筑企业、建材生产企业走出去，其引领作用颇具成效。

2011年以来，国内外经济环境出现很多新情况新变化：全球经济增速放缓，市场需求下降，成本刚性上升，通胀压力加大，金融市场震荡，信贷政策持续收紧，这些均对国有企业的生产经营带来十分不利的影响。“十二五”期间，国有企业面临的形势更加错综复杂，面临的竞争更加激烈，从国际形势看，由于希腊债务危机引致的欧洲债务问题悬而未解，且有蔓延趋势；美国量化宽松货币政策对稳定市场信心发挥了一定作用，但是实体经济真正复苏尚需时日，受部分中东、北非国家政局动荡的影响，国际建筑业投资更加审慎。总体来看，预计未来一段时间内，国际金融市场将持续动荡，全球经济复苏的时间将延长，这种形势将加大国有企业海外业务的难度和风险。

对于海外市场的进入，风险控制要放在第一位，对于政治风险高的国家我们要慎之又慎。另外，我们的传统市场与欧美价值观不同，对欧美市场如何定位、如何布局也是我们需要重新反思、重新审视的问题。国有企业要将海外市场的选择和风险评估纳入公司的工作规划，并进行相关专题的讨论。所有这些问题都是我们进行国际化运作时应需充分考虑的问题。

国有企业在“走出去”的过程中面临着政治风险、法律风险、财务风险等多重风险的考验，提高自身投资决策管理的能力至关重要。因此，企业应当建立并严格履行项目决策程序，对风险进行细致的科学评估，对突发事件做出预案，从而避免决策的盲目性。

国有企业的海外政治责任

国有企业要承担海外政治责任。近年来，埃及、利比亚、叙利亚、也门等西亚、北非一些国家或地区政局动荡，中国在这些国家或地区的人员以及投资、合作的资产遭遇巨大风险和损失。这就要求国有企业要将人员安全列为首要的海外政治责任。

2011年初，海外尤其是中东局势风云突变，利比亚硝烟四起，几万名中国人在海外陡然置身于血与火之中，面临着生与死的考验。对此，党中央和国务院面对突发状况，果断下达撤侨令，中建党组坚决执行党中央的指示，迅速开展人员的撤离行动，2月23日至3月4日，历经十天十夜，成功地将10 227名员工从万里之遥，一个不少地撤离回国，从而履行了国有企业的海外政治责任，树立起的战斗力及凝聚力令世界瞩目。

自2009年起，中建在阿尔及利亚利用自身的人才优势，专门设置翻译人员根据当地报纸、新闻网站等媒体信息，编制《阿尔及利亚新闻资讯》，并向中国驻阿使馆经商处、各在阿中资企业等义务发布，其内容涵盖当地政治、经济、文化以及工业、工程领域等相关资讯，使各企业及时掌握阿国政治经济动态，从而降低海外经营风险，充分制定应急预案。

随着越来越多的中国国有企业“走出去”，中国人员的安全问题日益突出，面临新的挑战。为寻求新的资源和市场，国有企业海外开拓的地区大多是欧美国家不愿意去，社会矛盾复杂，环境相对恶劣的发展中国家。因此，中国员工在当地成为反政府势力的目标，遭绑架事件与日俱增，这些反政府势力通过挟持中国员工，以此达到通过中国政府向当地政府施压，从而达到自身的政治和经济目的。这就要求我们以预防为主，尽可能地保障海外尤其是高风险地区中国人员的安全。一方面，要注意协调好当地民众、政府等各方利益，寻求政治风险和经济利益之间的平衡；另一方面，加强当地社会责任的担当，造福当地民众，赢得当地民众和舆论的支持和保护。国有企业要制订海外不同区域项目的应急预案，建立好和当地政府及使馆的沟通渠道，切实履行海外政治责任。

国有企业的海外社会责任

国有企业要承担海外社会责任。中建一直以来强调“以质取胜”的战略，即凭借优良的贸易商品质量、工程质量、良好的履约能力及售后服务赢得客户或业主的满意，从而提高自己占领市场和拓展市场的能力，长期切实履行着中国企业的海外社会责任，“干一个工程、树一个丰碑、成一个广告、占领一片市场”。

自1999年成功实施阿尔及尔松树喜来登酒店项目以来，中建在阿尔及利亚先后中标实施奥兰喜来登酒店、阿尔及尔布迈丁国际机场、阿尔及利亚外交部办公大楼、特莱姆森万豪酒店、国际会议中心、嘉玛大清真寺（2012年新承接，建成后位居世界第三）等多个大型项目，各项经营指标年年攀升。

无论是阿尔及利亚、新加坡，还是美国、越南、博茨瓦纳，中建各地分支机构无不是经过20年甚至30年的坚守和努力，长期耕耘，励精图治，为所在国家的社会发展和经济建设兢兢业业地服务，才赢得了属地国国家和人民的支持和尊重。

而另一方面，中国国有企业近年来在国际上拥有越来越多的印记，纽约的地铁、刚果的铜矿开采、巴西的高铁建设、沙特阿拉伯的百货大楼项目，无一不留下了中国国企的身影。中国企业在海外的投资日渐增加，有逐渐取代发达国家的趋势。正当发达国家向发展中国家输出资本主义之时，基建投资为当地人带来更多的不公平，贫富差距日渐扩大，环境资源消耗等，中国的崛起是否继承这种模式？中国国有企业进入关系到属地国国家安全和国民经济命脉的重要行业和关键领域的同时，该如何处理社会矛盾？这就需要我们首先落实中国企业的海外社会责任。

社会责任包括环保、劳工和人权等方面的内容，关系到产品质量、环境、职业健康和劳动保障等多个方面。《全球契约》论坛提出，在建立全球化市场的同时，要以《全球契约》为框架，改善工人的工作环境、提高环保水平。呼吁企业履行其社会责任，其理论根据是，企业社会责任是核心业务运作至关重要的一部分。

中建在阿尔及利亚一直重视使用属地化资源，目前雇佣5 300多名当地员工，甚至出现了父子两代人同时在分公司工作的情况；同时与约300家当地专业分包商/供应商长期合作。

在社会领域，中建与阿国人民共患难，2003年阿尔及利亚地震后，虽然自身企业遭受损失，但依然参与到当地的救援和灾后重建工作，捐助50万美元和200套临时住房，成为当时捐助额最多的公司。在业务方面，中建与阿国社会发展紧密结合，承担了大量的国计民生项目，自阿国政府2001年推动住房计划以来，目前累计承接80 000套住房，是承担社会住房项目最多公司。

在职业教育方面，中建与阿尔及利亚职业教育培训部签署合作框架协议，接收培训100名技校学生，同时积极建设技工培训学校及工地技校，并加大力度培训当地工人。现在“中国建筑”已成为阿尔及利亚人民家喻户晓的一个品牌,成为维系中阿友谊的纽带。

虽然很多国有企业在海外经营多年,但在有些国家仍然处在一个比较封闭的圈子里,并没有真正融入当地的经济和社会大环境中。为了有效地进行海外开拓,就要尽可能地为当地人创造就业岗位,使用属地化员工,优化属地化员工工作条件,加强其工作福利,注重所在国的职业健康和劳动保障规定,注重属地国的宗教习俗,尽可能地支援当地建设和投资,为属地国的社会发展和人民生活水平的提高服务,真正体现国企的海外社会责任。

国有企业的海外文化责任

国有企业要承担海外文化责任。国有企业在海外开拓过程中,大多面临资产、员工、文化的差异。随着“走出去”的深入,越来越多的企业意识到一种无形的瓶颈。这个瓶颈就是西方发达国家对世界秩序的把控。由于当今世界贸易和国际金融的规则是由西方发达国家来制定和解释的,中国企业在海外开拓过程中,很容易就莫名其妙地陷入被动,往往连复杂的法律条文都没弄清楚。大多数投资,都由西方评级公司来估价;大多数并购,都是由西方投资银行来操盘;除此之外,西方发达国家还是商业规则的制定者,西方控制下的国际舆论以西方的价值标准来推动国际经济事件的走向。因此,“走出去”的中国企业作为后发者,必然面对来自先发者的重重干扰。世界经济的发展和中国三十多年的改革发展证明:国家国际竞争力一是武器装备和国防能力;二是大企业大集团全球资源的占有能力和运营效率;三是国家的软实力,主要是文化的渗透力和影响力。

作为一家长期在阿尔及利亚经营的企业,中建在尊重当地宗教习俗的基础上,也致力于宣传中国文化,弘扬中华精神。通过体育比赛、专业展览、传统中国节日的联欢和庆祝活动,向当地民众展示中国人民的传统文化和友好形象。如2011年在阿尔及利亚举办的公共工程展上,中建将大红宫灯、琵琶演奏、茶艺表演等中国风元素融入工程展览的展示中,这种中国式的“混搭”展览,引来参展单位和参观者大为惊叹,赢得了极高的赞誉。甚至会展期间,有当地工程公司找上门相约下届展会,称要与中建比拼展览形象。

近年来,中国国有企业通过对外投资、资源收购等方式,进行全球性开拓,全方位出击,成为欧美等跨国公司的强劲对手,对其利益最大化构成了直接挑战。在海外,国有企业一方面被这些国家和企业利用国际组织规则、双边和多边机制以及国家法律等制度手段制约;另一方面,被这些国家和企业借助各种负面事件夸大我国国有企业的弊端,破坏中国国家形象。由于中国企业的治理模式与国外企业存在很大差异,如何处理好境外经营,境外员工管理,如何巧妙地、有效地处理与政府、公众、媒体等方面的关系,都成为国有企业必须面对的问题。我们要强化中国企业的品牌意识和精品意识,在海外市场开拓的同时,开展有中国文化特色的公共性文化活动,促进中华文化与当地其他族裔文化的交流与融合,增强中华文化在当地的亲和力、感召力和影响力。国有企业海外开拓过程中的企业形象策划,广告宣传策划等,均承担着展现中国国家形象的任务,即承担着艰巨的海外文化责任。

小结

国有企业是中国的脊梁,在忠实践行国家“走出去”战略的同时,在境外规模与效益取得良好表现的同时,国有企业境外经营活动正从工程承包、资源开发利用,逐步转向制造业、服务业领域发展,也必将承担越来越多的海外经济责任、海外政治责任、海外社会责任及海外文化责任。如果从一个中国式国企发展成为一个受所驻国人民尊敬的跨国企业,需要走的道路还很漫长,因此,值得我们对其进行更多的研究、思考和实践。

参考文献

[1]坚定不移地推进国有企业改革发展[J].求是,2012(10).

菲律宾劳务输出经验及对中国劳务经济发展的启示

薛文婧

(对外经济贸易大学国际经贸学院, 北京 100029)

菲律宾是世界上劳务输出大国,全国有逾1/10的人口在海外就业,海外劳工年赚取外汇总额超过GDP的10%,劳务输出已成为该国的支柱产业。菲劳、菲佣已成为菲律宾的国家名片,在世界不同的角落有近900万菲律宾人辛勤地工作着,是他们支持了国家经济的生存和发展。菲政府也一贯重视国家的劳务输出,历届政府都把劳务输出列为国民经济发展战略的一部分,积极开拓海外劳务市场并对海外劳工进行保护。面对我国严峻的就业压力,促进劳务经济的发展,菲律宾劳务输出的经验值得我们借鉴。

一、菲律宾和中国劳务输出的状况

菲律宾向国外大规模输出劳工及其他劳务人员始于20世纪60年代,主要是因为开垦荒地或者军事需要而流向印度尼西亚、越南、泰国等亚洲国家。20世纪70年代,菲律宾劳工和其他劳务人员又纷纷涌向美国、加拿大、澳大利亚等国谋生。20世纪80年代以后,更多的劳工及其他劳务人员走出国门,在中东、日本、香港、台湾、新加坡及其他一些东南亚的大都市分布着大量的菲律宾劳务人员。从20世纪70年代起,菲律宾的海外就业人数便逐年稳步增长,菲律宾发展成为劳务输出大国。

依据菲律宾海外就业署(POEA)报告,截至2010年底菲律宾共有海外侨民近1 000万人,2010年输出劳工达147万人,海外劳工存量达800~900万人,占全国人口1/10之多。因为国外较高的工资,菲律宾海外劳务输出呈现逐年稳定增长状态(见图1),同样海外劳工汇款情况亦是如此(见图2),2010年的劳工海外汇款达187亿美元,占国家经济收入超过11%,直接带动国内消费水平的提高,提振菲律宾国内经济。菲籍劳工遍布世界170多个国家和地区,目前在沙特阿拉伯、中国台湾和香港地区、日本和意大利等国家比较集中。菲律宾海外劳务包括海外合同工人、持工作签证工人和持其他非移民签证但已就业的人员。海外合同工人是菲律宾海外劳务的主体。其中陆上劳务人员占菲律宾劳务输出总量逾9/10,而海上劳务人员输出量相对较小。菲律宾在服务人员和专业技术人员输出中,女性所占的比例较大,其中家政服务(俗称菲佣)是其优势领域,占比最大;而

图1 菲律宾2000~2010年输出劳工数量

数据来源:菲律宾海外就业署网站:http://www.poea.gov.ph.

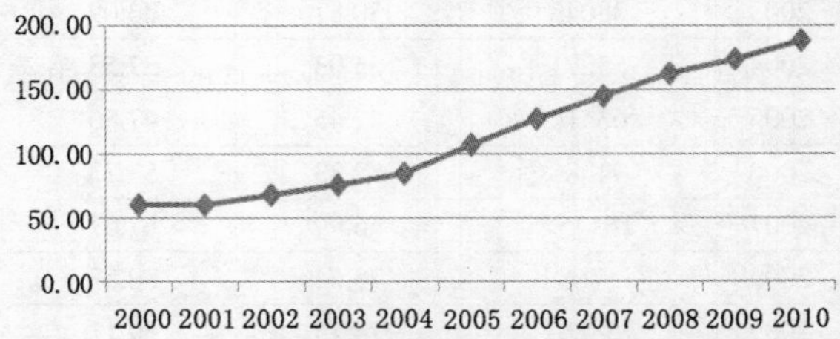

图2 2000~2010年菲律宾海外劳工汇款统计表

(单位:亿美元)

数据来源:菲律宾海外就业署网站:http://www.poea.gov.ph.

在中高层管理人员、制造业和农业生产行业中男性居多。值得一提的是,自2000年起,菲律宾每年新出国就业劳务人员超过30%是专家和技术人员,说明菲律宾劳务输出不仅数量大,劳动者素质也较高。菲律宾劳务经济发展迅速,劳务输出已成为该国的支柱产业。

我国的劳务输出是建立在20世纪50、60年代向亚非等发展中国家提供经济援助的基础上的。改革开放后则是在对外经济合作的框架下,以对外承包工程和国外雇主签订劳务合同为主,劳务输出形式主要是外派劳务人员。近年来我国劳务输出人数逐年增加,劳工在全球市场分布日趋多元化,领域越来越广。目前,我国劳务输出以亚洲市场为主,近年来非洲市场的比例有所上升。我国对外劳务合作已由最初的援外工程施工扩展到工业、农业、建筑、服务、环保和高科技领域。比较菲律宾劳务输出情况,中国劳务输出远未形成规模。由表1劳务合同数量和金额可知,虽然我国海外劳务人员的数量在不断增加,截至2010年我国对外劳务合作完成营业额88.8亿美元,合同额87.25亿美元,较1998年增长了4倍,但是我国对外劳务输出总量较小,总体上我国劳务输出在世界上不占优势。目前全世界约有1.5亿人境外就业,作为人口大国的中国境外就业人口总量却不足国际市场份额的1.5%,且对外承包工程与劳务合作的方式仍是我国劳务输出的主体,个人海外务工的比例较小。目前中国大陆人口总教超过13.4亿,其中15~64岁的人口占总人口的74.5%。全社会进入劳动年龄人口的高峰,中国境内面临着严峻的就业压力,劳务输出是解决国内就业压力的有效途径之一。借鉴菲律宾的劳务输出经验,提高我国劳务输出的质量和数量,利于促进我国劳务经济的发展。

菲律宾劳务合同数量及金额　　表1

年　份	对外劳务合同数(份)	合同金额(亿美元)	完成营业额(亿美元)
1998	23191	23.90	22.76
1999	18173	26.32	26.23
2000	20474	29.91	28.13
2001	33358	33.28	31.77
2002	30163	27.52	30.71
2003	38043	30.87	33.09
2004	53271	35.03	37.53
2005	63410	42.45	47.86
2006	94386	52.33	53.73
2007	161457	66.99	67.67
2008	157682	75.64	80.57
2009	154801	74.73	89.11
2010	236843	87.25	88.80

数据来源:中华人民共和国国家统计图网站:http://www.stats.gov.cn/

二、菲律宾劳务输出的组织管理

菲律宾政府很重视本国劳务经济的发展,在1995年拉莫斯执政时,就确定了"菲律宾海外劳工"(缩写为OFW)这一称谓,此名称的确定意在确立菲律宾海外劳工的菲律宾公民身份,这是政府保护他们合法权利的一种努力。菲律宾政府还将每年的6月7日定为外籍劳工日,以资纪念和表彰劳工为家庭、为国家所做出的努力。菲律宾劳务输出的发展得益于其有效的管理与完善的措施,可从下面几个方面进行概括。

1.制定有效的劳务输出管理的法律法规

菲律宾海外劳务市场持续兴旺,与有效的组织管理是分不开的,国家首先在法律的高度对海外劳工的权益给予重视和维护。1974年5月政府颁布的《劳工法》,明确将劳务输出确立为国家经济发展战略的重要组成部分。在1995年制定的《海外劳工与海外菲人法》(NO. 8042共和国法)是目前菲律宾关于海外劳工派遣与管理的主要法律法规,它包括以下内容:(1)利用网站、出版物等大众传媒,提供充足的海外就业信息。菲律宾所有驻外使、领馆都要通过海外就业管理局定期发布有关所在国的劳动就业条件、移民情况和特定国家遵守人权和劳工权利国际标准等的情况,每月至少在报纸上公布一次。外交部建立的政府信息共享系统,将有关菲劳在海外的数据资料通过计算机联网在相关机构间自由交换实现共享,以便于海外菲劳的管理。(2)加强海外菲劳的就地管理,菲律宾在有2万以上菲劳国家的使领馆设立劳务管理机构，由来自不同政府部门的人员组成，至少包括劳工专员、外交官员、福利官员、协调官员各一人，在被菲列为高问题国家派驻律师和社会工作者。海外劳务管理机构保持24小时办公，并与外交部设立的24小时信息援助中心相联，以保证总部与各中心联络畅通。(3)促进回国工人再就业。1999年6月菲劳工部为回国劳工成立了再就业中心，促进回国劳工重返菲社会和在本地就业。再就业中心通过与私营企业协调，为回国菲劳工开发谋生项目；与政府有关部门合作，建立计算机信息系统，将回国海外劳务的信息提供给国内所有公营或私营招工机构和雇主；为回国劳工提供定期学习和找工作机会。

2.建立配套的组织机构

劳务经济在菲律宾的GDP比重近10%，菲律宾政府对劳务输出极为重视，从中央到地方设立了组织和协调机构，形成了一套完整全面的管理体系，菲律宾海外就业的发展与政府的组织管理密不可分。在1974年，政府成立了"海外招聘发展委员会"(现为"海外招聘部")和"国家海员委员会"分别负责管理组织招募前往国外从事各种劳务的人员和在外轮上工作的海员的具体事务。在实际工作中，首先，在总统身边的顾问中定有一位专研海外劳工事务的顾问，主要帮助总统在巩固和发展海外劳务市场方面出谋划策。其次，在劳工和就业部下设了海外劳工就业署、海外劳工福利署和技术培训中心，各省、市、县也有相应的组织机构、培训中心和管理人员，这样便在全国形成了组织管理海外劳工事务的网络。海外工人福利署(OWWA)还会给予移民劳工及家属所有可能需要的帮助。再次，由于海外劳工的事务涉及到同有关国家的关系，菲外交部专门设有海外劳工事务局。在海外劳工比较集中的国家，菲律宾使馆设有劳工事务参赞和秘书，帮助劳工寻找工作、解决困难和纠纷，甚至在许多发达国家都没有做到在外交部专门设立此项服务，足见菲律宾对劳务输出的组织管理是全面有效的。

3.制定周密的管理措施

菲律宾政府有关部门对劳务输出的管理分工明确，对劳工海外就业的各个环节均进行有效的指导和管理。从劳工报名出国到参加培训、寻找工作、解决纠纷等，都有一套周密的规定和具体的管理措施。政府颁布法令规定：只向承认或者保护菲劳工权利的国家派遣菲律宾劳工，这些国家须有保护外国劳工权益的相关法律，并且是劳工保护的多边或双边协定的签字国。例如对出国工作的女性，政府规定她们的年龄必须达到18岁以上，并有足够应付复杂形势的能力。鉴于不少菲律宾女佣近年来在一些中东国家的家庭中受虐待、性骚扰，政府规定去这一地区的妇女只允许为公务人员或者外交官家庭工作。第一，这些家庭人员在经济来源上有保障，不会拖欠菲佣的工资，减少经济纠纷。第二，这类人员素质相对较高，不易发生虐待、侮辱佣人的事件。第三，一旦出现问题，菲方可找当地政府和外交机构解决。国家的劳动和就业部还会时时关注海外劳工在东道国的劳动和社会保障法律下是否受到公正的待遇，帮助劳工得到法律援助。

4.完善高效的培训体系

在培训和寻找工作方面，菲律宾政府也有规定和管理措施。菲律宾劳工之所以受欢迎，很大程度上在于其受教育水平高、劳动力素质高。在出国的海外劳工中，大部分是有关机构根据国外已确定的工作岗位选派、培训和安排出国工作的。也有很多是个人联系，或没有确定工作岗位的。对于没有确定工作岗位的，菲律宾有关机构首先根据海外劳务市场的需求状况，决定是否批准劳工去某国就业，避免出国后难以找到工作。然后，根据劳工所去的国家和所要做的工作，安排他们参加不同类型的培训，包括关国家的风俗习惯和基本的工作要求等，争取派出的劳工都能找到和适应工作。一直以来，菲律宾政府积极、主动地开发海外劳务市场，逐步扩大了海外劳务市场的份额。政府对海外劳工的管理真正做到了具体而全面，国内的培训和派出工作、出国后劳动纠纷的解决都离不开政府相关部门的协助。

5.建立财政支持政策

早在1990年初，国家就已成立"海外劳务人员投资基金会”。在1995年通过的总统8042号法令上宣布国家在财政上支持劳务输出，政府设立了紧急遣返基金、海外移民工人贷款担保基金、法律援助基金、国会移民工人奖学金四个海外工人基金，以保证菲律宾劳务输出的经济援助。2011年利比亚发生武装冲突，首都的黎波里是菲律宾海外劳工的重要目的地之一，菲律宾的救援基金及财政资金的支持对于迅速救援菲劳工起到了重要作用。

6.支持私营劳务输出机构开展业务

菲律宾海外就业署制定的《海外就业规则与条例》，不仅规范政府部门对劳务的管理，而且规定：具备一定资格的菲律宾公民、合伙团体或公司，通过批准程序后可以参与海外就业计划。在1983年菲律宾依法批准的私营劳务输出机构就已有1 023个，以后逐步规范压缩，到1986年减少到894个，1990年初又减少到642个。政府支持、鼓励私营劳务输出机构发展，但又依法管束这些私营公司，如果它们违反规则，将根据情节作出警告、罚款或撤消经营许可证的处罚。菲律宾的私营劳务输出机构分为以下四种：(1)输出演艺人员和家庭佣人为主的私营招募机构，占48.4%；(2)劳务承包商，占14.3%；(3)建筑承包商，占13.7%；(4)输出海员劳务的机构，占23.5%。菲律宾的私营机构在1975~1985年间，向国外派出了185万合同工人，而同期政府机构派出的劳务人员只有10.79万人。可见，菲律宾私营机构输出的劳务人员占出国劳务人员总数的九成以上，在劳务输出系统中，私营劳务输出机构起着主要的作用。

三、菲劳务输出经验给我国劳务经济发展的启示

1.重视海外劳务经济的发展，加强双边及多边经济合作

我国人口多，就业压力大，应该借鉴菲律宾的经验，把劳务输出视为重要的新兴产业，作为缓解就业压力、促进经济发展的一个战略点，予以重视，给予政策支持。中国劳动力富余，开发新的就业市场，保证劳动力充分就业，是一项战略任务。而劳务输出是通过有序转移富余劳动力，创造经济效益和社会效益的一种有效形式。要进一步建立健全创新经济体制和海外就业管理机制。可以把劳务输出作为一个新的产业予以重视和扶持。第一，完善相关政策和法律，加快对外劳务合作法制化进程，保证劳务输出在法制保护下运行。第二，建立和完善海外劳工的组织机构，保证管理的有效运行。第三，政府应加强与劳务输入国政府的多边、双边劳务合作协议的签署工作，建立长期的劳务合作机制，积极参与国际服务贸易规则的制定。加强同劳务输入国政府的协调，促使发达国家逐步放开对劳务输入的限制。消除劳务壁垒，争取劳务输出自由化的利益，进一步开拓海外劳务市场。

2.加强劳务输出管理体系的建立

首先，在国家商务部、劳动部、人事部、外交部等政府部门要形成劳务输出管理机构，专门负责劳务输出的组织与管理，各省、市、自治区也要建立和完善劳务输出管理机构，形成劳务输出的统一及专门管理。借鉴菲律宾经验，外交部要在驻外使馆设立劳务管理官员，尤其在我国劳工分布较多的国家和地区，设立此类官员专门从事劳务输出管理、市场开拓、服务保护、纠纷处理等事务，保证对外劳务输出的有序进行，保障劳务人员的权益和安全。其次，加强对海外劳务人员的保护措施。健全和完善劳务输出管理规章，制定劳务输出管理条例，严格审批劳务中介机构资质，规范中介市场，规范经营主体行为，维护市场经营秩序，打击非法劳务中介，保证劳务市场的健康有序，依法保护经营者的利益，保护劳务输出人员的合法权益。还要重视政府部门工作效率的提高。要逐步推行代理制，明确经营者、劳务人员及政府相关部门的权利、责任和义务，简化劳务人员出国手续，加强对劳务的社会服务保障工作，从近年来国人偷渡出国的风潮屡禁不止上看，我国急需疏通富余劳动力输出的正常渠道。

3.加大劳务输出的财政支持

国家可以建立劳务输出财政支持体系，可以尝试建立“劳务输出基金”、“劳务贷款担保基金”、“法

律援助基金”专门基金等，同时可以对一些表现出色的海外劳工予以奖励，在财政上支持我国劳务输出的快速健康发展。

4.培育劳务输出品牌

较高的劳动力素质是劳务经济持续发展的必要条件，要想形成劳务输出的资源优势，很重要的一点就是重视劳工培训、根据市场需要提高劳工素质。我国可以将开辟国外市场与培养国内人才有机结合，建立稳定可靠的劳务人才培育基地，健全劳务人员出国前的培训、管理、服务机构，及时便捷地提供咨询和支持。培训是一方面，建立国际认可的劳工素质考核体制是更重要的一个方面，这是我国培育劳务输出品牌的关键。政府通过支持外派劳务基地的建设，加强外派劳务培训，可以培养和储备外派劳务资源，提高输出劳务人员素质。培育有素质的具有竞争优势的劳工是占领国际劳务市场、促进劳务输出可持续发展的有效措施。对于外派劳务基地的建设，各级政府可以根据情况出台相关优惠政策予以支持。

参考文献

[1]菲律宾劳动和就业部.菲律宾海外就业署规则和条例.

[2]陈东升.扩大对外劳务合作缓解国内就业压力[J].现代商业，2006(6)：210-211.

[3]刘昌明.菲律宾海外劳务经营模式研究.亚太经济，2008(4)：15-17.

[4]马永堂.国际劳务品牌的形成与发展[J].中国劳动，2008(2)：25-28.

[5]周凌峰.我国劳务输出现状及发展研究[D].西南大学硕士论文，2008.

[6]傅缨捷，游慧洁.加快对外劳务输出：菲律宾的经验与借鉴[J].国际经济，2009(3)：41-43.

住房城乡建设部《钢结构工程施工规范》宣贯会议在深召开

苏君岩，范彩霞

2012年7月14日，由住房城乡建设部主办的“中华人民共和国国家标准《钢结构工程施工规范》(GB50755-2012)宣贯会”在深圳明华国际会议中心举行，中建钢构有限公司作为《钢结构工程施工规范》主编单位承办此次会议。本次宣贯会议吸引了各省市级住房城乡建设部门及多家施工单位150余人参加。

中建钢构总工程师戴立先首先介绍《钢结构工程施工规范》的编制历程。他指出，中国的建筑钢结构产业在近20年的时间里发展迅速，已成为工程建筑领域中一个重要的组成部分，随着钢结构产业的迅猛发展，行业内部亟需一本国家标准对钢结构工程的施工进行规范和指导，同时助力钢结构施工技术的发展和创新。国家标准《钢结构工程施工规范》(GB50755-2012) 应运而生，标准历经了4年的时间，凝聚了40余名业内专家的心血编制而成，其中包含了钢结构材料检验、加工制作、安装测量、施工安全和环境保护等多方面内容，将有效规范并指导钢结构工程现场施工。

随后，住房和城乡建设部标准定额司杨申武发表重要讲话，他首先充分肯定了中国建筑股份有限公司，中建钢构有限公司对此次标准的编制做出的重大贡献，并强调目前国家钢结构行业标准正处于一个更新和填补空白的阶段，多项国家标准处于修改更新阶段，住房城乡建设部作为这些标准的主管单位，高度重视标准的制定及修改，积极联系并组织业内专家及优秀企业参与其中，2012年8月1日发布的《钢结构工程施工规范》便是此项工作的最好体现，此标准的出台将填补钢结构工程施工无规范指导的空白，为钢结构行业的蓬勃发展起到积极的引领作用。

国家标准《钢结构工程施工规范》(GB50755-2012)于2012年8月1日正式实施，主编单位为中国建筑股份有限公司和中建钢构有限公司，由住房城乡建设部标准定额研究所组织编制，中国建筑工业出版社出版发行。

诟病中自省 微词中自律 国企当自强

刘 创

(中建股份城市综合建设部, 北京 100037)

摘 要: 本文通过分析近段时间国企饱受诟病与微词的原由,既从本质上揭示了西方世界及其跨国公司、国内自由主义学者及其煽动下的既得利益者和在竞争中失意的民企借助舆论唱衰国企,从而搞垮国企,最终实现瓦解公有制和建立自由经济、确保既得利益并进一步攫取财富和阻挠中华民族伟大复兴的阴谋,也批判了国企某些脱离民众的错误倾向。强调国企在中国的存在是政治制度、经济制度、人民根本利益、中华民族伟大复兴的需要。希望国企重视舆情,正视不足,要为民谋利、勇于承担社会责任和做道德的典范,在自省自律中走向强大。

关键词: 国有企业,自省,自律,自强

对国企的批评和指责由来已久,绝非今日始。在国企改革之初陷于困顿之际,"低效益"、"无效率"、"先天弱智"等词语被用来诋毁国企。而当国企改革取得一定成就时,"逐利"、"垄断"、"扭曲市场" 等词语又被用来妖魔化国企。"国企搞不好时挨骂,国企搞好的时候还挨骂"。在国民经济中发挥着主导作用、按理应该得到更多支持的国企为何一直置身于舆论的旋涡,沦为公众批判的靶子,广受社会的诟病,我认为有以下原由:

一、国际金融危机引发了世界性的经济衰退,而我国经济一枝独秀,国企更是逆势上扬,对西方世界及其跨国公司形成强劲冲击。西方世界及其跨国公司开始把经济问题政治化,制造"中国威胁论"和"经济侵略论",混淆视听欺骗公众。同时借各种个案负面事件渲染,突出国企的阴暗面或弊端,以从"软实力"上削弱国企的竞争力,破坏国企在国际社会中的形象。

目前全球贸易增速下滑,世界经济复苏趋缓,下行风险加大。不少世界知名的大企业面临前所未有的经营压力和资金短缺压力,竞争实力被严重削弱。反观我国,尽管也受冲击,但通过加快经济结构调整、实行积极的财政政策和稳健的货币政策等,经济平稳增长。危机中很多发达国家各种经营性资产价格暴跌,而我国几乎已成了"惟一正常运转的资本市场",在 2011 年 3 月拥有高达三万多亿美元的外汇储备。GDP 更是在 2010 年 3 季度首超日本,成为仅次于美国的世界第二大经济体。在此过程中,国企也高歌猛进。从 2002 年到 2011 年,中央企业上缴税金从2 926 亿元增加到 1.7 万亿元,年均增长 20%以上;中央企业的资产总额从 7.13 万亿元增加到 28 万亿元;营业收入从 3.36 万亿元增加到 20 万亿元。截至 2011 年,已有 38 家中央企业上榜《财富》世界 500 强。

面对世界范围的经济竞争格局调整和资产兼并重组的良好契机,蒸蒸日上的国企抢抓机遇,实施"走出去"战略,参与海外市场的竞争,并掀起海外并购的浪潮。最新报告显示,2011 年中国内地企业海外并购交易数量达到创纪录的 207 宗,同比增长 10%;交易总金额达到 429 亿美元,同比增长 12%。

与以往对我国国企不屑一顾形成对照的是，国企的崛起和实力的提升打乱了跨国公司一贯以来的如意算盘，打乱了跨国公司的发展布局和扩张步伐，对其利益最大化构成了直接挑战，引起其恐慌和不安。很多跨国公司已视国企为最为强劲的对手，国企在当地的存在也使其“芒刺在背”。围剿国企，遏制国企，削弱中国企业竞争力，力图捍卫其经济霸权宝座已成为西方世界的一股思潮。一方面，一些西方政客把跨国并购这一纯粹的经济行为上升到威胁国家安全、政治渗透等高度，以阻碍我国企业海外并购的顺利实现。2005 年，中海油收购美国优尼科被美国国会否决的案例，就充分说明了这一点。另一方面，抓住国企初出国门，经验不足，中西方在文化理念、市场体制、法律环境尤其是劳工法上存在着巨大的差异大做文章，利用国企的一点闪失和疏忽，就开动舆论机器，蓄意攻击。如 2006 年 8 月 10 日的“美国之音”网络版刊登了一篇以《非洲拉美国家为何不满中国公司》为题的文章，歪曲事实，搬弄是非，制造矛盾，中伤国企。

二、国内受西方新自由主义等理论影响的学者，认为市场能够自发调节经济的均衡，主张自由贸易和发展民企，反对政府的经济干预，反对国业、计划经济等制度。他们打着“为民请命”的幌子，诬陷国企通过掌握的资源，假主导之名，行垄断之实。在市场竞争中，靠特权进一步挤压民企的生存空间，阻挡民企的发展，迫使民企举步维艰。同时还纠结既得利益者和煽动一些在竞争中失意的民企，舆论叫嚣“国退民进”、“还利于民”，靠打击国企图谋各自的私利。

新中国成立以后，根据我国所处国内外环境和当时的历史现状，选择并逐步建立起了所有制形式单一化、排斥多种经济形式和多种经营方式的高度集中的计划经济体制，但随着社会主义国民经济的日益巩固和发展，其弊端也日益凸显，在一定程度上阻碍了社会生产力的发展。改革开放以后，我国及时调整经济发展思路，逐步建立社会主义市场经济体制，在以公有制为主体，多种经济形式共存的所有制结构模式下，社会生产力又焕发出蓬勃生机。

民企，如雨后春笋，迅速成长。在市场的锤炼和洗礼下，经营模式和经营理念也从小作坊式、家族式向现代化企业迈进。2011 年度《中国民营经济发展形势分析报告》显示，自 2005 年以来，民营企业出口增速虽时有波动，但出口的比重仍不断攀升。截至 2011 年 9月，全国登记注册的私营企业已超过 900 万家，同比增长 14.9%；个体工商户超过 3 600 万户，同比增长8.5%。截至 2011 年 10 月，内资民营经济城镇固定资产投资共完成 14.2 万亿元，同比增长 46.5%。其中，私营企业完成 5.8 万亿元，同比增长 45.5%。截至 2011 年 4 月，我国的民营上市公司数量达到 1 003家。联想和华为，作为民企的佼佼者，2011 年成功进入《财富》世界 500 强。

尽管民企迅猛发展，竞争实力不断增强，但在掌握资源以及在某些领域的竞争中与国企相比还处于弱势。为了扶持民企，给民企提供更多的发展空间，近几年，国务院国资委一再要求国企，特别是央企要严控非主业的投资。一些国企因不适应市场经济的要求而退出市场，还有一些从不具有竞争优势的领域退出重新布局。国企不仅数量锐减，而且，从行业分布看，90%以上国企处于高度竞争的行业。得益于体制机制的改革创新而非垄断原因导致效益大幅攀升的国企还携手民企，协同发展，互惠互利，形成产业配套和优势互补的新格局。如中建每年几百亿元的施工产值是和上千家私营建筑承包商、物资供应商、劳务公司等合作完成的。中石油的大庆油气经济圈每年为周边企业提供 400 多亿元的市场空间，数千家民营企业借以生存，其中有一定规模的民营科技企业就达 1497 家，年产值 251 亿元。30 多年来，民营经济在国民经济中所占的比例越来越大，民企的政治地位和经济地位急速增长，已成为我国特色社会主义事业的重要组成部分，成为创造物质财富和技术创新的主体，成为助推国民经济发展的重要力量。

市场竞争，优胜劣汰。在更多民企屹立潮头之际，也有不少湮没其中。据来自最高人民法院的数据显示，2007~2009 年 3 年间，工商管理部门每年吊销注销的企业数量达 80 万户左右。自去年以来，江浙一带民企老板“跑路”事件持续上演，一时之间成为媒体关注的焦点和民众热议的话题。决定企业兴悖亡忽的因素很多，战略问题、管理问题、政策问题、国内外环境问题等都能导致企业的兴衰。但某些学者一方面只盯民企倒和闭，不见民企立和强，一叶障目地把民企的失败归结于国企的“垄断”，鼓动不明真相的民企责难国企。另一方面，还引经据典，构建学说，推演出国企的存在是阻碍市场竞争和民企发展的罪魁祸首，更有欺骗性地提出不消灭国企，民企难有立锥之地，出头之日，中国难有真正的自由市场。与此同时，在国企改制过程中，靠国有资产流失中饱私囊而成为既得利益者们也加入声讨国企的阵营，刻意营造不利于国企发展的社会舆论，幻想掀起新一轮瓜分国民财富的浪潮。[①]

三、有些国企，放松要求，疏于管理，未能较好发挥榜样作用。稍有成绩，忘乎所以，置反哺公民、回馈社会于脑后。“天价灯”、“万元酒”、“茅台门”以及诸多贪腐等与民众背道而驰的做法，无不伤害民众的心灵，激起民众的愤懑和不满。

国企是国家拥有50%以上所有权的企业，国企所有权属于国家，国企的公有性质决定国企是我国全体公民所拥有的企业，国企代表的是广大民众的意志和利益，民众才是国企真正的后台老板，全心全意为人民谋幸福是国企发展的终极目标。

长久以来，国企在民众的呵护中成长，民众为国企呕心沥血，并以极大牺牲精神成就今日之强盛国企。作为国民经济的骨干和中坚力量，国企在利用国家给予政策上、资源上的支持而获取利益的同时，也承担了大量的社会责任。抗洪抢险、灾后重建，国企未忘却肩负的责任和使命，始终走在前沿，与民众心手相牵。然而，部分国企的不当行为、不当言论，一步步蚕食鲸吞国企与民众的情谊。国企的高薪、高福利一步步拉大了国企与民众的距离。据人民论坛问卷调查中心近日在搜狐网、人民论坛网等多家网站推出调查问卷，并联合人民论坛调研基地随机发放书面问卷进行了调查，在“您对国有企业印象如何”问题上，多达28.6%的受调查者选择“很差”，33.3%选择“比较差”，16.2%选择“一般”，12.5%选择“比较好”，只有9.4%选择“很好”。选择“很差”和“比较差”的比例为61.9%，民众对国企的印象评价整体偏向负面。

尽管国企的腐败、随意提价等引起民众的口诛笔伐，但民众对国企的情感仍未消失。他们提出的批评和表达的意见并不是要反对国企，而是为了促进国企改进管理，更好地发展。同一份“您对未来国企改革发展的信心”问题的调查中，28.6%的受调查者选择“非常有信心”，35.6%选择 “有信心”，30.7%选择“没有信心”，5.1%选择“说不清楚”。选择“非常有信心”和“有信心”的公众占比为64.2%。

透过国企饱受的诟病与微词，不难发现，除了民众真心诚意的护犊之情外，余者则是披上“温情”的面纱。通过批判国企、继而搞臭国企、最终搞垮国企，实现瓦解公有制和建立自由经济、确保既得利益并进一步攫取财富和阻挠中华民族伟大复兴的企图。

国企的确存在问题，而且，问题还不少，有的还比较突出，这是无可辩驳的事实，也需要舆论监督。但我们要学会甄别，辩证看待，不能因国企有缺点而将其一棒打死，剥夺其生存权。在复杂多变的形势面前，国人应当以前苏联解体后国企的崩溃导致国家、民众陷入困顿为鉴，清醒地认识到：当今中国，不仅需要国企，而且还必须发展国企，做大做强国企。

首先，政治制度的需要。中国的国家性质是以工农联盟为基础的人民民主专政的社会主义国家。国家是人民的，国即是民、民即是国，国民一体。因此，国有经济就是民有经济。经济基础决定上层建筑，坚持国有经济及其社会运行中的表现形式——国企，发挥其国家脊梁的作用，才能更好地坚持社会主义制度，坚持人民民主专政。

① 本段落中的“为民请命”、“国退民进”、“还利于民”以及“民企”，改为用“为私请命”、“国退私进”、“还利于私”和“私企”更为合适。用“民”而不用“私”，是某些学者偷换概念、误导民众而采取的伎俩。民企的所有者一般是个人或全体公民中的一部分人，相对于全体公民所有，民企的所有者是私。

其次,经济制度的需要。中国的经济制度是以生产资料的社会主义公有制为基础的全民所有制和劳动群众集体所有制。坚持公有制的主体地位,就意味着生产资料的主体部分已经属于整个社会所有,不再成为剥削和压迫的工具,这是人民当家作主、保证人民根本利益一致的经济基础。国企是公有制经济的主导力量,国企的力量显示着中国的力量,国企的力量更是关系到我们每个中国人的民生基础。坚持国企,发挥国企的支柱作用,才能为保障社会正义和公平、最终实现共同富裕提供经济基础。

第三,人民根本利益的需要。党的十五届四中全会通过的《中共中央关于国有企业改革和发展若干重大问题的决定》指出:“包括国有经济在内的公有制经济,是我国社会主义制度的经济基础,是国家引导、推动、调控经济和社会发展的基本力量,是实现广大人民群众根本利益和共同富裕的重要保证。”这段话清楚地表明了国有经济“为民谋利”的基本属性。从我国改革开放以来的实践看,正是由于包括国企在内的国有经济牢牢控制着国民经济的命脉,并不断发展壮大,使我国社会主义制度的优越性得到较好发挥,增强了我国的经济实力、国防实力和民族凝聚力,促进了全国人民整体生活水平的快速提高。

第四,中华民族伟大复兴的需要。在经济全球化的过程中,西方大型跨国公司凭借掌握的巨额资金、核心技术和销售网络,并在全球范围组织生产和销售,在国际竞争中占有绝对优势。大多数中国民营企业属于劳动密集型、就业密集型企业,只能通过低价竞争进入国际低端产品市场,想依靠民企崛起迅速赶上和超越发达国家,在中国几无可能。而国有企业属于资源密集型、资本密集型、科技密集型、人才密集型企业,它们最有条件与国外跨国公司在高端产业一竞高下,使我国在世界经济中占一席之地,实现中华民族的腾飞。

空穴总会招风,自身有短板才会落人以把柄,授人以口实。从长远看,腐败、低效、行业垄断等弊病仍是国企在未来发展中不能回避的事实。国企不能因国家需要而不求自省,唯我独尊。面对诟病与指责,国企应该虚怀若谷,广纳良言。所谓“灭六国者,六国也,非秦也;族秦者,秦也,非天下也”。国企的强盛兴衰,在于国企自身,在于国企严于律己,加强内部管理流程管理,加强民主监督,消除腐败,深化改革提高效率,更在于国企今后还要做好以下四点。

一、提高人员素质,高素质人才是国企强大的根本

“企以才治、业以才兴”。当今世界,企业的竞争归根结底是人才的竞争。一个企业可以引进技术,引进资金,也可以引进管理办法,唯独不能引进人的素质。人的素质是企业内在力量的彰显,也是企业外在形象的表露。企业的文化、管理、战略、使命和价值既要靠员工的素质来体现,也要靠员工的素质来发展,员工的素质高度决定了企业的发展高度。当前,不少国企出问题,其根源在于员工素质的滑坡,特别是高层领导素质的沦丧。缺乏激情、不思进取是影响国企兴盛的羁绊。贪图享乐、追求奢靡是阻碍国企强大的路障。提高员工素质, 培养和建立一支以人民为己念、以国家为己任的高素质人才队伍,是国企内在的需要,更是国企走向世界的需要。

二、为民服务,赢得民众的支持是国企强大的基石

“为人民服务”是党和国家的服务宗旨,身为国家经济支柱的国企,更是为人民服务的重要组成力量。首先,国企是共和国的长子,也是人民的儿子,应当把全心全意为人民服务的思想贯穿国企发展始终,提升为人民服务的意识。其次,国企承担的基本上是关系国计民生的重要行业的服务,这些行业直接关系到人民生活能否得到保证,生活质量能否得到提高。国企应当密切联系民众,倾听民众的心声,把民众的需要放在首位,竭尽所能生产民众所需的物质产品和精神产品。第三,随着经济和社会的不断发展,人民需要的服务也呈现出多方面多层次要求,国企应当转变思路,在与其他企业发生利益冲突时,时刻念着人民的利益,更不能只顾一己私利,见利忘

民，弃人民于不顾。

只有为民服务，把人民利益放在首位，国企才能重拾民众的信任，从回民众的怀抱，基业才能长青。

三、逐利不唯利，勇担社会责任是国企强大的保障

逐利是企业的最根本属性，企业要生存和发展，要扩大再生产，要加快流程再造，要加快产业的转型升级，都需要最大限度赚取利润。但我国的国企却与民企、外企在追求利润最大化的本质上有很大不同。作为国民经济的支柱，作为社会主义制度的重要经济基础，自创建之初，就被赋予。其一，为政府提供税收；其二，为社会提供就业机会；其三，为市场提供产品或服务，并在此过程中兼顾环境友好和资源的节约；其四，积极支持社会公益事业和慈善事业，帮助弱势群体。我国国企尽管有逐利的一面，但更多的则是承担着对社会、对公众、对整个国家天然的责任和义务。随着近些年国企发展红火，公众对国企履行社会责任的期待也越来越高。但目前很多国企自身的认识却还谈不上深刻，对社会责任的承担还不够，民众不太满意。国企的成功，不仅仅在于扭亏为盈、利润大增，也不仅仅在于名列世界前几位，更重要的还在于认清自己全民出资、全民所有的属性，在为民、为国方面更应首当其冲。如果只为企业利润计，甚至不惜与民争利，实际上损害着国家利益，道义上必然受到谴责。

管理学家彼得·德鲁克说过：“任何一个组织都不只是为了自身，而是为了社会而存在，企业也不例外。只有主动承担社会责任的企业，才能赢得社会的认可，也才能走得更远”，作为国企，更应铭记在心。

四、以德为先，做道德典范是国企强大的必由之路

2009年2月，温家宝总理在英国剑桥大学的演讲中提出，道德缺失是导致这次金融危机的一个深层次原因，一些人见利忘义，损害公众利益，丧失了道德底线，呼吁“企业家身上要流淌着道德的血液”。这尽管是温总理对国外的讲话，但从中也不难折射出我国企业也存在道德缺失的现象。当前，贪腐问题、食品安全问题、造假问题、诚信问题等在中国还比较突出。作为我国社会经济组织的主要力量，国企在构筑道德体系方面，更应该身体力行，身先士卒。首先，完善内部管理体系，增加自身的透明度，接受公众的监督；其次，无论在国内还是在国外市场竞争中，都要遵纪守法，不谋不正当的利益，树立大国企业的风范；第三，争做行业表率，成为民企学习的标杆；第四，国企的收益取之于民，用之于民，做社会公益的带头人。

当然，国企需要做的还很多，在今后的发展中，还会与流言蜚语同行。国企既要把批评当成压力，也要当成前进的动力。不断自省、修正和完善。所谓自助者天助，自强者恒强。只有自身完善，自身强大，才会赢得尊重，赢得未来。

参考文献

[1] 环球时报：舆论应回到国企民企的中间位置.2012-05-18.

[2]人民日报：竞争让国企更优秀.2012-05-18.

[3]人民日报：“国进民退”与事实不符.2012-05-17.

[4]红旗文稿：发达国家批评“国家资本主义”的实质.2012-05-16.

[5]光明日报：西方凭什么抹黑我国企！.2012-05-10

[6]中国经济导报：不能戴有色眼镜看国企.2012-05-08.

[7]《瞭望》：国企“舆论偏见”背后.2012-05-07

[8]中广网：要警惕把国企央企“妖魔化”的倾向.2012-05-04.

[9]国有资产管理：国有企业的社会责任与公益性思考.2012-04-25.

[10]人民日报：中国国企并无特权可言.2012-04-11.

[11]红旗文稿：理直气壮地做大做强国有企业.2012-03-28.

[12]经济日报：国有经济“完全退出”不可行. 2012-03-26.

[13] 人民政协报：中央企业向世界一流方阵迈进.2012-03-13.

[14] 经济日报：央企要在国际竞争中发挥中坚作用.2012-03-05.

社会转型期群体性事件的理性思考

——群体性事件特征及应对策略分析

陈国峰

(中国建筑第六工程局有限公司华东分公司，南京 210016)

摘　要：随着改革开放的不断深入，经济体制的转型和社会结构转型，社会利益格局的调整，新问题、新矛盾不断增多，我国群体性事件次数和参与人数均呈上升趋势，参与人员常常达到了成百上千，甚至上万人参与的事件在全国也已屡见不鲜。同时，群体性事件涉及行业越来越多，主体成分也呈多元化的态势。成为影响构建社会主义和谐社会的突出问题，成为各级党政机关亟需研究和解决的一个重要课题。

关键词：社会转型期，群体性事件，理性

从性质上来说，当前我国发生的群体性事件，绝大多数都是对权利和权益的诉求，属于人民内部矛盾，是由人民内部矛盾激化而产生的，并不是要推翻国家政权和现行社会制度，但造成很大的负面影响，影响和谐社会的构建。因此，探讨群体性事件的解决措施就具有重要的理论及现实意义。本文试从对近年来我国发生的重要群体性事件进行原因归纳解读，并提出了相应的解决措施。

一、群体性事件的理论概述

群体性事件是指由某些社会矛盾引发，特定群体或不特定多数人聚合临时形成的偶合群体，以人民内部矛盾的形式，通过没有合法依据的规模性聚集、对社会造成负面影响的群体活动、发生多数人语言行为或肢体行为上的冲突等群体行为的方式，或表达诉求和主张，或直接争取和维护自身利益，或发泄不满、制造影响，因而对社会秩序和社会稳定造成重大负面影响的各种事件。

我国对群体性事件的认识，由于受不同的政治环境和经济、社会因素的影响，经历了不同的阶段：20世纪50年代到如今，叫法各有不同，如称“群众闹事”、“突发事件”等等。2005年底，时任中共中央书记处书记、公安部长的周永康指出，要“研究化解群体性事件的基本条件和内在规律，形成处置‘群体性事件’的原则和常效工作机制”。“群体性事件”一词首次公开提出。“群体性事件”，目前的界定仍然有争议，但一般认为是指具有某些共同利益的群体，为了实现某一目的，采取静坐、冲击、游行、集合等方式向党政机关施加压力，出现破坏公私财物、危害人身安全，扰乱社会秩序的事件。

近年来，社会影响比较大的群体性事件有：2005年6月安徽池州群体性事件；2007年6月广东河源群体性事件；2008年6月贵州瓮安群体性事件；2008年11月重庆出租车罢运事件；2009年6月湖北石首群体性事件；2010年4月黑龙江富锦长春岭群体性事件；2010年6月安徽马鞍山群体性事件；2011年6月广东潮安县发生“古巷事件”；2012年4月重庆万盛群众聚集事件。

仔细回顾这些群体性事件,不难得出以下结论:第一,群体性事件的性质为人民内部矛盾;第二,群体性事件产生的原因归为利益因素;第三,群体性事件产生一定的负面社会影响。

当前,社会转型期的群体性事件具有群体性,组织性,仿效性,破坏性,反复性等主要特点,特征明显。

第一,数量增多,规模扩大。进入新世纪以来,中国频繁发生因人民内部矛盾引发的上访、集会、请愿、游行、示威、罢工等群体性事件,数量多、人数多、规模大。从2006年到2010年间,据称中国有统计群体性事件数量已由3万余起增加到8万余起,参与人数也由约300余万人增加到约800余万人。

第二,涉及的部门行业多,主体成分多元化。参与的人员复杂,有各种职业、不同社会身份的人参加:有国有企业的下岗失业职工,私营企业和外资企业的权益受损职工,失地农民,农民工,房屋被拆迁居民,库区移民,下岗的军转干部,出租车司机,环境污染受害者,等等。

第三,城乡群体性事件的指向对象不同,维权内容不同。农民以基层政府和官员为主要抗争对象;工人以企业管理者为主要抗争对象。农民抗争以要求补偿受损利益和实现村民自治为主要内容,失地或受环境污染的农民要求维护权益成了中心议题;工人抗争以维护经济权利和要求管理企业事务为主要内容,私营企业和外资企业的雇佣工人要求发放足额工资和改善工作条件,农民工要求发放欠发的工资,下岗工人要求工作,改制国企的工人要求保护国家财产不能流失等。

第四,表现方式激烈,内部矛盾逐渐对抗化。群体性事件大多采取较为平和的表现方式,从本质上看是人民在根本利益一致基础上的矛盾,但暴力性、破坏性群体性事件逐渐增长,出现激化现象,对抗程度加剧。

第五,组织程度高,经济矛盾趋向政治化。有相当数量的群体性事件的发生是有组织的,而且开始出现跨区域、跨行业串联声援的倾向。尤其是那些参加人数多、持续时间长、规模较大、反复性强的群体性事件事先都经过周密策划,目标明确,行动统一。

第六,各种矛盾相互交织,处置难度加大。多数群体性事件的参与者提出的要求具有一定的合理性,但常常采取不合法的方式,合理要求与不合法行动、无理要求与非法行动相互交织,多数人的人民内部矛盾与少数人的严重违法行为混在一起。敌对势力、敌对分子也插手群体性事件制造事端。如果处理不当,局部问题就可能影响全局,非对抗性矛盾就可能转化为对抗性矛盾。

二、群体性事件产生的原因探析

群体性事件的产生原因是多方面的,涉及政治、经济、文化等多方面因素。下面主要从政治层面解读事件产生的原因。

1.政府部门的"缺位"

政府作为公权力的行使者,应始终做到维护公共利益,积极履行其自身的职责。运用"新思维"解决群体性事件,不仅要分析群体性事件现象的本质,更重要的是政府应从自身寻找原因。政府部门的"缺位"是群体性事件产生的间接因素,"缺位"是指政府没有履行自身的职责,对民众的利益诉求置之不理或漠视。从建设和谐社会及服务型政府来看,必然要求政府以服务民众为宗旨,及时有效地解决民众迫切需要解决的民生问题;从加强党和政府的执政能力建设来看,必然要求政府提高自身解决社会矛盾及冲突的能力,也就是说政府应畅通民众的利益表达渠道,虚心听取民众的意见及建议,并作出改正。一个正常的社会,在危机突发后能够温和、理性地解决危机,是极为必要的。

2.利益群体组织的缺失

现代社会的多元性决定了不同利益群体的存在,不同利益群体在利益博弈过程中影响力的重要体现就是利益群体的组织化程度。若各成员以个体的力量对抗强势的或组织化的利益群体,那么就会处于弱势地位。因此,具有共同利益的社会成员的组织化程度决定了其与强势利益群体进行利益博弈的

平等地位。有组织的利益诉求,能以集体的力量争取和维护自身的合法权益;组织化的利益诉求也意味着利益群体采取正常的利益表达方式,能保障社会秩序的稳定。以2008年重庆出租车罢运为例,代表出租车司机利益的协会的缺失导致其利益诉求无法得到有效的表达,使矛盾不断尖锐化,以致罢运事件的发生。

三、群体性事件的应对策略

温家宝总理曾指出,"有些地方发生的损害群众利益问题,甚至群体性事件,很多与政府部门及其工作人员不依法办事、不按政策办事有关。"

本文认为,要从根本上杜绝群体性事件的发生,有以下策略:

1.依靠党委政府和有关部门做好群众工作

群体性事件涉及面广、规模大,对社会和稳定有着十分严重的影响和危害。预防和处置群众性事件工作政策性强、难度大。因此,政法机关要在主动了解民意,掌握社会热点、难点问题时,分析社会动态和潜在的矛盾,及时向党委、政府汇报。根据党委政府的指示精神,积极协助有关部门做好群众的思想工作,并采取必要措施,力争把群众性事件消除在萌芽状态,防止造成危害。在做群众工作中,树立群众观念,讲究工作方法,防止随意抓人,切忌公安干警言行不当,激化矛盾。

2.提高利益群体的组织化水平

当公民以集体的形式进行利益表达和利益诉求行为时,就可能与其他强势利益群体的利益形成均衡,影响政府的政治决策和公共政策。利益集团成为公民实现政治参与的媒介,是其利益得以有效表达的通道,因而,利益集团能够促进社会利益格局的均衡。利益集团具有利益表达与利益综合及介入政策的形成与制定过程的功能。而公共政策的制定与执行实质上是各种利益集团博弈的均衡,这种均衡性取决于各利益集团的相互影响力及利益集团力量的强弱。因此,社会各利益群体的组织化或集团化能够增强各自争取和维护自身利益的力量,有组织的理性在利益的表达上比非组织的理性更有效,所以积极稳妥地发展各类利益组织,形成协商对话制度,远比非理性的个体和群体抗争行为要好得多。

3.加强法制宣传教育,全面提高公民的法制意识

当前许多农村公民的法制观念淡薄,多年的普法宣传流于形式,收效甚微,普法工作任务仍十分艰巨。在普法宣传工作中,应将重点放在守法和用法上,教育公民不仅要模范遵守法律和社会公德,而且要用法律武器保护自己。要敢于揭发各种违法行为,维护法律的尊严。当前要依靠党委政府的高度重视,各有关职能部门、基层组织的配合,利用各种宣传工具和形式,到热点问题比较多,可能发生群体性事件的地区和单位,向群众宣传有关法律、引导群众通过法律手段解决问题,严防一时冲动造成不良后果。切实提高农民的法律意识和道德意识。法律和道德都是社会上层建筑的重要组成部分,都是调节社会人群相互关系的规范,但二者又有其独特的地位和功能。法律作为一种刚性的社会规范,带有强制性和权威性,它的主要作用是惩恶。道德作为一种柔性的社会规范,是靠社会的风俗习惯,社会舆论,人的内心信念来维系的,它的主要作用是扬善。概括的讲:法治治身,德治治心;法治治近,德治治远;法治禁恶于已然之后,德治禁恶于将然之前。正因如此,依法治国与以德治国共同构成了两大基本的治国方略。农村基层组织要充分认识新形势下加强农民教育的意义,采取有效措施,加大普法工作力度,提高普法质量,同时要教育农民树立正确的人生观、价值观,教育他们打工、经商要有职业道德,在公共场所要遵守社会公德,在家庭中要讲究家庭美德。从而不断增强农民的法律意识和道德意识,提高他们遵纪守法的自觉性。

4.加强调研,做好群众性事件前期预防和善后工作

没有调查研究,就没有发言权。在商品经济日趋繁荣,社会治安日益复杂多变的情况下,加强调查研究,深入了解掌握社会各阶层情况,探索在新的历史条件下群众性事件发生的原因、特点，制定切实可行的措施，应该摆上各级党委政府主要领导和公安机关的议事日程，做到“为官一任、造福一方”。一要及时了解社会各阶层对现行改革措施、政策的反应，对群众提出的合理化建议和正当要求要采取切实有效的方法给予解决。对确因一时难以解决的问题要向群众说清楚、讲明白。切忌工作方法、方式欠妥而激化矛盾。二要加强廉政勤政建设，领导干部要以身作则，不搞特殊化，保持党的优良传统和作风，甘当人民公仆、树立在群众中的威信，一旦发生问题，能得到群众的理解和支持。三要加强基层公安派出所、农村治保会建设。对辖区内可能制造事端，铤而走险的人进行调查摸底，对可能引发群体性事件的问题要提前介入。做到抓准、抓早、抓苗头，及时做好疏导教育和缓解矛盾工作。四要抓准季节规律，把预防工作做在前头。如春秋两季争水争地多，农闲争地盖房突出。春节期间因宗教、迷信等引发的问题多。群体性事件平息后，要按照属地原则和“谁主管谁负责的原则”，是哪个辖区、部门、单位的问题，就由哪个辖区、部门、单位负责，尽快拿出办法，限期予以解决，给群众以满意的答复。一时无法解决或群众要求过高无法满足的，有关辖区、部门和单位领导要继续做好群众思想工作，避免再次发生群体性事件。

5.政府的“补位”

服务型政府的构建意味着政府应积极回应民众的利益诉求，采取各种措施畅通及拓展利益表达渠道、维护弱势群体的利益。政府在本质上应保持客观公正的执政态度，避免出台损害民众利益的公共政策。政府应建立持久长效的治理机制，为利益群体之间及利益群体与政府构建良好有序的对话协商机制，让各群体的声音得以表达，利益得以保障。首先，建立突发性事件的应急处理机制。其次，积极履行自身职责。政府有效地履行自身的职责，才能构建服务型政府。政府必须严格遵守相应的制度措施，为各社会群体创造稳定和谐的社会秩序。同时，政府必须倾听民众的利益诉求，调节社会矛盾与冲突，有效解决民众最关心的问题。最后，加强与社会组织的合作。政府的非全能性导致其不可能有效解决所有社会问题，故介于政府与民众之间的社会性组织应发挥更大作用。政府应与社会性组织和各利益团体共同构建平等协商的合作机制，共同维护社会秩序的稳定。

综上所述，不难看出，对群众的感情有多深，解决问题的力度就有多大。说到底，应对群体性事件是一个系统工程，需要每个部门的各个层面都不等不靠，勇于负责。只有将“第一位”的基础工作做好了，宣传部门的工作才会游刃有余，权力部门的公信力才能得到维护，社会稳定也才会有更加坚实的基础。

参考文献

[1]中国行政管理学会课题组.我国转型期群体性突发事件主要特点、原因及政府对策研究[J].中国行政管理，2002(5)：8-11.

[2]陈奇.群体性事件的基本特征及预防处置策略[J].中共福建省委党校学报，2007(9)：76-79.

[3]赵守东.群体性事件的体制性症结及解决思路[J].理论探讨，2007(2)：23-24.

[4]中共四川省委组织部课题组.正确分析和处理群体性突发事件 [J].马克思主义与现实，2001(2)：42-47.

[5]李星文.别让拧巴的出租车管理体制蒙混过关[N].北京青年报，2008-11-10.

[6]杨耕身.矛盾处理机制有效“重庆罢运事件”可免[N].新京报，2008-11-07.

[7]杨瑞清，余达宏.论群体性事件的发生原因及其治理对策[J].江西社会科学，2005，(10)：120-123.

从"小我"走向"大我"

——浅议当前舆论环境下国有建筑施工企业的品牌建设工作

李 睿

(中国建筑第四工程局有限公司，广州 510665)

摘 要：当前，国有建筑施工企业不得不面临两个问题：一是如何让业主在"乱花渐欲迷人眼"的市场环境中，对企业的合作进行首选且长选；二是如何让公众在"你方唱罢我登场"的舆论环境中，对企业的忠诚不断增加且长效。这两个问题的交集，就是品牌建设。然而，国有建筑施工企业的品牌建设工作多发端于传统媒体时代，品牌战略制定的短视、品牌发展思维的守旧以及品牌传播手段的落后等原因造成企业面临诸多困境，结合现实实际试作反思，并就当前新媒体造就的舆论新环境下，对国有建筑施工企业品牌建设工作如何走出新路作粗浅探索，以此呼吁从知到行的转变。

关键词：国有施工企业，困境，品牌建设

进入21世纪，企业之间的竞争已经从产品竞争、技术竞争、管理竞争向更高水平的品牌竞争发展。当前，国内建筑业市场竞争越来越激烈，订单价格日益走低，利润日益微薄，建筑行业正面临新一轮的洗牌。在这样的形势下，国有建筑施工企业谋求以品牌建设为中心的差异化优势，通过品牌力量去赢得市场的选择，无疑是企业科学发展的重要保证。

然而，企业的品牌形象、品牌价值在当前市场环境下不仅要接受市场的检验，更要接受舆论的审视——近年来，随着微博、手机报等新型媒体的不断涌现，一个正在改变人们传统认知习惯和资讯接受行为的新媒体时代已经走进我们的生活。在平台更开放、参与更互动、信息更透明的舆论新环境下，发端于传统媒体时代的国有建筑施工企业品牌建设工作不仅要主动面向业主受众，更要主动面向普罗民众。因此，笔者认为：国有建筑施工企业必须积极行动起来，创新品牌战略，从过去那种只把媒体当作新闻宣传阵地、独善其身的"小我"传播定位中转变出来，真正把媒体当作品牌营销平台和品牌塑造平台，实施更加富有个性而阳光亲民、强调实力更强调责任的"大我"品牌建设工作，形成市场首选、民众认可的"行业排头、央企一流"品牌力量，推进企业在新一轮变革中又好又快地走向更加广阔的未来。

一、当前国有建筑施工企业品牌建设的困境反思

品牌建设是企业参与市场竞争的一把利器，是差异化的最高境界，是追求高于平均利润的最持久、最可靠的法宝，是追求企业创新与发展的平台。然而，当前国有建筑施工企业品牌建设工作却面临着

以下困境：

(一)企业名头大，但正面关注低

近年来，随着中央企业整体效益明显好转，实力迅速成长，部分央企的高层腐败、行业垄断、薪酬不公等问题也随之频频曝出，加之民众认为中央企业对社会所作贡献与它们所占有的社会资源、享受的各种政策优势并不相称。因此，一些民众对于央企的质疑和非议也越来越多，部分有利益集团背景的专家学者"国进民退"论调喧嚣尘上。这些对"央企"的负面心态和看法，不可避免地波及到诸如中国建筑工程总公司这类始终完全参与市场竞争、不占有国家大量直接投资的国有建筑施工企业。在这样的影响下，这些国有建筑施工企业在增加农民工就业、建设城市服务地方，以及重建灾区履行社会责任、走出国门参与竞争等方面大量卓有成效的工作不仅没有得到应有的正面广泛关注，反而一些正面新闻却被网民从负面的角度解读。

(二)工作亮点频，但民众知情少

来自国家住房和城乡建设部 2011 年的权威统计数据显示："十一五"期间，国内建筑业完成了一系列设计理念超前、结构造型复杂、科技含量高、使用要求高、施工难度大、令世界瞩目的重大工程；完成了上百亿平方米的住宅建筑，为改善城乡居民居住条件做出了突出贡献。"十一五"以来，许多大型建筑施工企业加大科技投入，建立企业技术开发中心和管理体系，重视工程技术标准规范的研究，突出核心技术攻关，设计、建造能力显著提高。超高层大跨度房屋建筑、大型工业设施设计建造与安装、大跨径长距离桥梁建造、高速铁路、大体积混凝土筑坝、钢结构施工、特高压输电等领域技术达到国际领先或先进水平。

然而，如此频现的工作亮点，却因为一些企业鲜有贴合民生关心热点的深度解读和社会新闻策划，以致造成社会民众对企业业绩知情少，对企业品牌认知低的现实困窘。

(三)走出国门早，但融入本地弱

自 1985 年以来，我国海外承包工程业务以年均递增25%的速度实现了快速增长。对于实施改革开放至今不过 34 年的中国而言，中国建筑施工企业走出国门的步伐不可谓不早。但与国际先进建筑商相比，我国企业虽然近年来在限定的国际市场(非发达国家和地区)尚能体现低成本优势并占有一定市场份额，而在发达国家和地区，尽管相互间投标价格相差悬殊，但低成本优势却难以施展，市场份额仍然相对较低。加之相当部分企业集团总部与海外项目之间普遍未能建立健全一套反应迅速、指挥高效、监控有力的品牌管理机制，一些企业缺乏背水一战、长期扎根的意识和行动，对经营属地化、品牌属地化的认识不足，习惯关起门来闷头干，且希望快干快赚快走，与东道国媒体主动发生联系少，不了解不熟悉海外新闻报道方式和策划技巧，即使有正面宣传，也多是"墙外开花墙内香"的信息迂回。如此，不仅企业品牌并未融入本地，形成深入而广泛的属地认同，以致在一些突发新闻危机处理上，不能赢得东道国媒体及民众的正面理解和广泛支持，应对手段十分缺乏。

(四)媒体朋友多，但舆情应对差

国有建筑施工企业的品牌建设主要发端于传统媒体时代。在这一过程中，许多企业因为公关对接，自身都拥有一定的电视、报纸、电台等传统媒体资源。然而随着网络微博、手机终端、移动电视等网络新兴媒体的异军突起，原有的传统媒体格局被打破并重新划分。这一舆论环境的急剧变化，不仅极大地推动了过去的单向传播向如今的双向互动传播转变，同时还大大增强了媒体舆论监督的动力和能力。在这一过程中，大多数国有建筑施工企业的舆论传播管理意识和能力并未与时俱进，仍然把企业与媒体的公关工作简单地定位在人脉对接上。发生新闻危机事件时，由于对新媒体缺失传播引导手段，与民众沟通能力不强，不能迅速开展舆情研判，更缺乏转危为机的正面新闻策划，于是不时发生关键时刻失语、不语、乱语的现象，从而使自身陷入舆论困境。即使是匆忙上阵的危机处理，往往也只是单一地通过已有资源关系对负面新闻采取撤、压手段——殊不知这样看似强力的控制不仅埋下了报道记者与企业之间的矛盾隐患，造成了媒体与企业已有良性关系的无端消耗，而且还有可能给一些媒体资源造就了权力寻租空间，给今后的企业品牌建设工作带来更多的被动。

结合国有建筑施工企业品牌建设工作所面临的上述困境，我们不难看到：在当前媒体环境发生巨大变化的背景下，国有建筑施工企业品牌建设工作不能再固守旧模式，必须积极主动地加强长远规划。

二、当前国有建筑施工企业品牌建设的现状观察

2011年，中国中铁、中国铁建、中国建筑的产值财富荣居全球建筑企业前三甲。然而，这几家中国建筑施工企业的领跑者并未得到更广泛的品牌价值认可：在全球权威品牌估值专家Brand Finance最新出炉的全球品牌500强中，占据前三席的建筑企业分别是法国万喜集团、法国布依格集团、西班牙ACS集团，并无中国建筑企业的身影。

领跑者自当快马加鞭，追随者尚须迎头奋进。从整体情况看，笔者认为，当前建筑施工企业的品牌建设工作有以下现状：

（一）品牌战略闭门造车，缺乏共振

品牌战略说到底，是品牌文化、品牌理想的传递和渗透。在新媒体时代，资讯已经成为大众化的共享资源，因此，品牌战略不能着眼于单向传播，而应着力补上品牌文化力共振这一课。但当前许多国有建筑施工企业在制定品牌战略时往往闭门造车，未能在市场和民众层面对品牌进行改善、贴近和调适，更遑论让社会公众从认同品牌核心价值观到潜移默化地接受产品。

2008年，著名地产品牌“万科”在汶川大地震期间因为王石的“吝啬言论”而引发网民诸多批评，其原因在于万科文化有一条不鼓励员工多捐款的“家规”。尽管万科后来捐出大量善款并投入赈灾，但还是引发了一场万科品牌文化危机。一个品牌再强势，一旦品牌基因与社会价值观不相适应的元素流入市场，就可能直接嫁祸给品牌。万科的例子说明：企业不仅要以开放吸纳的心态制定品牌战略，更要注意品牌文化与社会价值观同步共振。

（二）品牌打造急于求成，缺乏耐性

品牌所涵盖的领域，包括商誉、产品、企业文化以及整体营运管理，这是一个循序渐进的过程。“冰冻三尺非一日之寒”，品牌是长时间积累而成的价值认同。在国际品牌价值评估权威机构“世界品牌实验室”（World Brand Lab）2011年编制的《世界最具影响力的100个品牌》中，可口可乐、麦当劳、诺基亚、百事可乐、苹果等前10名的平均品牌成长年龄都大于70年。由此可见：品牌建设具有长期性和艰巨性。但国内一些施工企业在品牌建设中往往只注重商标设计、标语口号、VI包装等形于外的标识，没有将商誉、建筑产品质量、企业文化以及企业运营管理纳入品牌发展的长远规划，急于求成、浮躁取巧的心态仍然十分普遍，于是企业品牌自然是“来也匆匆，去也匆匆”。

（三）品牌定位模糊大同，缺乏个性

千篇一律的品牌往往让市场无所适从，清晰的品牌定位是企业区别于其他竞争者的独一身份标志。品牌个性的塑造，会使品牌立得稳、立得久、立得好。没有个性的品牌，无论花费怎样的巨资进行推广与传播，也不可能有长久生命力。今天，国内建筑施工企业多达数万家，仅是2011年9月国家公布的拥有总承包特级资质的施工企业就有245家，此外自我国加入WTO以来由外商投资设立的建筑和建筑设计企业则超过1500家——在这样一个竞争激烈的市场，品牌无疑是施工企业在赢得选择、展现优势的一把利器。然而，大多数建筑施工企业在品牌定位不清晰，对市场定位无细分，拳头主打产品、核心竞争优势这些支撑品牌定位的要素不明确，“什么都敢干，什么都干不好”的现象并不鲜见，这样缺乏竞争个性、没有竞争核心力支撑的品牌自然不会被市场所选择，企业自然也无法走得更远。

（四）品牌传播思维传统，缺乏互动

传播对企业品牌的塑造起着关键性作用。如果少了传播这一环节，那么市场将无从企业品质以及

企业产品有进一步的了解。在传统媒体时代,电视、报纸、电台等载体实现的是信息单向灌输,然而随着网络微博、手机终端、移动电视等网络新兴媒体的异军突起,原有的传统媒体格局被打破并划分。媒体环境的急剧变化,极大地推动了过去的信息单向灌输向双向互动传播转变。在这一环境下,大多数建筑施工企业虽然也针对网络等新阵地加大了广告投入和新闻发布,但在品牌传播上仍然沿用传统思维,缺乏有效的互动机制和策划准备,因此当质疑和责难的声音出现时,不能主动、及时、权威地发布新闻,而是消极接受媒体传播的信息,极少向媒体反馈意见和建议,更不善于表达对媒体的不满;引导媒体传播有利于企业的信息,于是无法更好地建立与公众相互信任的关系,形成理解、支持、合作的发展环境,给自己的品牌传播带来被动。

三、当前国有建筑施工企业品牌建设的道路初探

笔者认为,在当前舆论环境下,国有建筑施工企业品牌建设可以从以下方面开展道路探索:

(一)强化四个原则

第一,提高透明度原则。近年来一些国有建筑施工企业通过深化改革、科学发展、做大做强,缩短了与国际知名企业的差距,取得了显著的成绩,在一定程度上成为了中国企业中的"明星"。一般而言,公众和媒体对于"明星"具有强烈的关注欲望、更高的要求和期望。这些都决定了这些企业必然要时刻处于舆论的聚焦之下,受到媒体和公众严格甚至苛刻的审视。因此,在企业品牌建设中,企业应提高信息透明度,消除信息不对称造成的不了解,向公众充分、清晰地披露企业生产经营、科技进步、社会责任以及服务民生等新学年,而非始于讨论,止于沉默。如此既有利于企业主动宣传自身成绩,又有利于落实广大群众的知情权和监督权,有效沟通化解矛盾,同时还能让权力在阳光下运行,塑造国有建筑施工企业公开、透明、坦诚的阳光形象。

第二,统筹资源原则。当前舆论环境下,一家企业往往不能独善其身,对于整个国有建筑施工企业而言,更是一荣俱荣,一损俱损。因此,必须结束当前一些企业"单打独斗"甚至是"窝里斗"面对负面舆情的局面,全面统筹协调媒体资源,形成合力,集中力量一致对外,打造整体形象。同时要注意集合手段,开展对微博、论坛等舆论新阵地的引导和推介,利用这些平台合理、准确发声,为后续的舆情管理创建一个高效的"媒介品牌平台"。

第三,适当示弱原则。过去的宣传把中央企业塑造成"共和国长子"形象有其必要性,市场竞争也欢迎这样的品牌形象。但是,企业品牌建设不仅要面向市场,更要面向公众。"高、大、强"的形象塑造太久,容易使公众产生心理距离,让他们可望而不可及。因此,国有建筑施工企业的品牌建设应采取适当示弱原则,多把自己的品牌塑造成贴近百姓、着力民生幸福的"公民企业"。在品牌传播中,多讲述企业承担的社会责任、讲述奉献,一方面让公众感到建筑施工企业完全竞争的不容易,同时把宣传的视角和笔触更低姿态地接近民生生活,使公众不仅理解企业,同时更愿意接受企业、赞美企业。

第四,关注民生原则。近年来,国有建筑施工企业在依法经营、诚实守信、节能减排、保护环境、自主创新、安全生产、维护职工合法权益、积极参与社会公益事业等方面发挥着表率作用。特别是在类似灾区重建等大事、要事、难事中,国有建筑施工企业都是勇挑重担、知难而上,为国家、为人民做出了重要贡献。因此,国有建筑施工企业品牌建设必须要注意强调企业与民生的内在必然联系,着重塑造企业关注百姓、关爱民生、关爱环境、服务祖国的社会形象,从自身特点出发,向公众讲述国有企业是朋友、是伙伴、是依靠,以获得公众认同,重建信任,从自身特点出发,有区别性地改变社会舆论对国有企业的总体质疑和偏见。

(二)实施四项工作

第一,借大势,把握舆论热点,提高品牌吸引力。

借大势,就是通过对传播环境的分析,始终把握国有建筑施工企业宣传工作与党和国家工作大局保

持一致，紧跟社会整体舆论潮流，围绕社会舆论热点，借助整体舆论大势，开展新闻宣传工作，提高宣传的关注度。比如，借助上海世博会展示企业引领建筑科技进步，服务国家、服务社会、服务百姓生活；通过灾区重建的报道，宣传企业积极履行社会责任，在国家和人民需要的时候挺身而出，勇挑重担；利用应对国际金融危机特殊时期，介绍企业在保增长、保民生、保稳定中发挥的顶梁柱作用等。同时，根据热点，积极选树具有亲和力、感染力和说服力的基层员工典型，大力挖掘新一代农民工幸福工作、创新工作的典型，以更丰富的宣传手段和更贴心的传播方式讲述他们的感人事迹，以点带面，展现国有建筑施工企业员工精神风貌，通过鲜活的人物典型，树立企业形象。

第二，树领导，打造企业名片，强化品牌影响力。

GE前CEO韦尔奇、苹果公司的乔布斯、微软的比尔·盖茨、日本松下的松下幸之助等领导人被热议和追捧的现象告诉我们：一个成功的企业领导人形象不仅可以成为企业的名片，更是公众记忆和存储企业品牌资产的有效载体，是企业品牌形象塑造过程中“事半功倍”的重要途径，往往具有“四两拨千斤”的效果。因此，国有建筑施工企业同样也可以整理挖掘企业领导人在精神风貌、个人素养、决策能力与取得成就等方面的品牌效应，打造好企业领导人这张名片，展示企业领导良好的形象，有力提升企业的品牌形象和影响力。

第三，建机构，形成资源合力，打造品牌个性力。

当前，企业品牌建设在加强引导的同时必须面对不良舆情、改善舆论环境，这一工作仅靠国资委宣传局来统筹远远不够。为推动建立企业整体宣传格局，根据当前新形势下新闻宣传工作的新情况新特点，有必要研究成立企业新闻办公室或者综合性新闻中心，全面协调开展新闻宣传和舆论引导工作。同时制定企业新闻宣传工作评价办法，积极推动企业向国际一流企业学习，建立公共关系和危机处理工作体系，打造企业报纸、网页、微博、论坛、手机报、广告、新闻、图像等多手段、多载体的立体宣传平台。

第四，开大门，建立动态采访线，强化品牌亲民力。

现实中，一些建筑施工企业习惯了在进场之初后把围墙一围，除了上级检查、职能部门开展工作，极少与外界尤其是媒体发生主动联系。在当前舆论环境下，应组织协调企业生产一线积极举办项目采访日、开放日以及相关活动，主动邀请各类新闻媒体、专家学者以及意见领袖，开展“走进项目，感知建筑”等系列采访活动。以项目生产进度、科技攻关、基层员工生活为采访对象，力求使舆论真实还原企业一线的正面故事，从贴近企业实际、贴近生活、贴近群众，以讲故事的方式入手，以小见大，以点带面，客观真实地报道企业在服务地方经济发展过程中做出的贡献和努力，树立企业良好的社会形象，强化品牌的亲民力。

今天，中国建筑市场不断发展的趋势已经推动企业进入品牌竞争时代。品牌已成为建筑企业生存与发展的重要支柱，成为建筑企业参与国际竞争的利器，品牌必然是未来建筑企业核心竞争力的重要组成部分。在当前市场不断选择、当前舆论环境不断发问的新环境下，国有建筑企业品牌建设工作必须从过往的“小我”传播走出来，应势而动，积极转变，打造一个更加富有个性而阳光亲民、强调实力更强调责任的“大我”品牌，唯有如此，才能真正在新一轮变革中无畏挑战和变化，真正打造属于中国建筑企业的百年老店。

浅议建筑机械设备维修保养精细化管理

肖应宽[1],肖应乐[2]

(1.大连市建设工程集团有限公司, 辽宁 大连 116001;2.大连市阿尔滨集团有限公司, 辽宁 大连 116100)

摘　要:建筑机械设备维修保养质量,决定了设备的使用寿命周期,运用科学的精细化管理方法,对在用和维修设备实施全过程质量控制,不仅降低了设备的故障率,避免了安全事故的发生,而且提高了设备的完好率,延长了设备的使用寿命周期。

关键词:建筑机械设备,精细化管理,使用寿命周期

建筑机械设备(以下简称设备)维修保养是设备管理、使用、租赁的重要环节,设备维修保养工作质量的优劣,关系到设备的完好率、利用率及设备运行的安全性和对成本控制的有效性。设备维保主要分两个部分,一是设备在维修车间的大型维修,二是设备在现场的维保。我们对设备在车间的大修采取程序化、流程化的管理模式,对设备在现场的维保应用QC管理的方法,对设备故障进行预先控制,同时对主要机械部件进行互换的轮修,解决了机械部件过度疲劳损坏。

一、设备维修的程序化、流程化管理

我们针对设备在车间的大型维修,编制了《设备维修管理程序手册》和管理流程,维修前对设备进行鉴定,由车间维修技术负责人编制专项维修方案,报公司技术负责人审批,对质量、工期、成本、调试、验收进行全过程控制。

1.设备维修管理流程

(1)设备维修前,由工程技术部组织有关技术人员,对待修设备整机进行技术鉴定,以确定重点维修部位和机构。

(2)针对重点维修项目,由车间技术负责人编写维修方案,维修方案经过工程技术部审核后,报公司技术负责人审批。

(3)车间主任根据维修方案的要求,向班组下达维修任务书,并确定主修人。

(4)工程技术部组织有关人员,对解体的零部件解体后进行鉴定,需要更换的零部件需经车间主任、工程技术部经理、公司主管技术的经理审批,最后报公司总经理审批,实行一支笔。经审批的采购计划提交材料采购部门进行采购。

(5)车间主任根据维修方案和设备解体的实际

情况，编写“质量过程控制流程”、“维修作业指导书”，同时，向全体维修人员进行书面安全和技术交底。

(6)维修人员按指导书要求对设备进行维修，同时，主修人员要做好记录，特别是要做好维修质量记录，以保证维修质量的可追溯性。

(7)设备维修后的验收必须由工程技术部把关，验收合格后在合格证书上签字方可交付使用，关键设备的验收工作由公司主管技术的经理主持。

(8)维修的设备经过自检合格报工程技术部验收，验收合格后，设备维修过程中的全部资料必须经相关人员签字归档。

(9)按照《员工绩效考核办法》对设备维修的全过程进行监控，监控和考核的范围主要是维修质量、维修工期、维修成本，并对其进行量化，进而达到绩效考核的目的。

(10)设备交付使用后，如果在维修质保期内发生故障和机械事故，查明原因，将根据质量可追溯原则，按《机械质量事故管理办法》的有关规定对责任人进行处罚。

设备维修的程序化和流程化管理，就是对设备维修全过程的每一个环节提出明确的要求，凡涉及设备维修工作各方面的人员，严格执行《设备维修管理程序手册》和管理流程，设备的维修质量、工期、成本将会得到有效的控制。因此将设备维修管理纳入企业整个管理体系进行系统管理，是企业规范化管理的基础。

2.材料配件的程序化零库存管理

设备维修过程中，材料和配件的质量对保证维修质量和降低维修成本是至关重要的。因此，我们制定了《材料配件管理程序》，对选择配件的分供方进行公开招标并严格审查，为降低成本和保证质量，大宗配件我们直接在设备配套厂家进货，对一些常用的材料配件实行零库存管理。

(1)材料配件的程序化管理

在材料配件管理流程中，合格分供方的评估、价格的确定，包括采购、验收、保管、领料、质量跟踪等都是程序化管理的具体体现。同时，我们结合材料配件管理程序中的每一个环节，制定了《材料配件管理程序实施细则》，使每个管理的人员熟知自己的岗位职责，在实践过程中我们的控制重点为：

①对合格分供方的评估应尽可能选择设备配套厂家，并与之建立长期友好合作关系。

②对材料配件的信息价格每季度必须更新一次，以保证信息价的时效性。同时在配件采购中，保证货款的及时支付，保证采购配件的质量和降低成本，并与合格分供方建立良好的长期合作关系。

③材料配件的领用是管理程序中一个很重要的环节，对此，《材料配件管理程序实施细则》中有明确的要求，材料配件的领用必须由车间主任开具领料单，领料人以旧换新。坚持材料配件的以旧换新是材料配件管理的关键环节，在整个配件管理中有十分重要的意义。

(2)材料配件的零库存管理

①与合格分供方签订配件长期供应协议，规定单件价值较低的配件，在需用时由材料采购人员通知协议分供方送货，材料采购人员在送货单上签字验收，暂不办理付款手续。

②配件使用时，配件质量经维修车间主任确认后，材料部门办理配件验收手续，第二个月支付货款。

③协议规定分供方送来的配件，无论因为何种原因而未使用的，期限超过一个月的全部退货，配件零库存管理关键在于货款的支付。

实践使我们体会到，在材料配件采购中，现付和赊账具有一定幅度的差价，零库存管理模式货款支付实际滞后一个月，因此，这种操作模式降低了企业资金占有率，从而提高了企业资金利用率。

二、设备在使用中的维护和抢修

设备租赁管理中的维保是一项很重要的工作内容，设备现场维保的质量，能够体现出企业的管理水平和服务质量。我们对在用设备的维保管理主要分三个方面：一是定期对设备的检查和维护；二是运用

QC管理方法，预防和降低设备故障率；三是对设备及时抢修，保证设备的正常使用。

1.设备的定期检查和维护

坚持对在用设备采取专人负责、定期检查、定期维护，降低设备的故障率。

(1)设备的定期检查

①对在用设备制定周检、月检、半年检、年检制度，对应列出检查项目和内容，周检、月检由机组执行，半年检、年检由公司组织执行。

②按岗位设置的要求，在用设备的周检、月检由机长组织执行。工程技术部每月对在用的设备巡检一次，对机组的周检、月检的记录和执行情况进行评估，并与绩效考核挂钩。

③在用设备的半年检、年检则由公司工程技术部组织实施。

(2)设备的定期维护

①根据设备的维护要求和使用周期，编制设备的例保、一保、二保、三保作业方案。

②例保、一保、二保作业由机组负责，三保作业由公司组织完成。

③公司的工程技术部定期组织对机组的维护保养工作进行检查、评估，并与机组的绩效考核挂钩。

实践证明，通过对在用设备的定期检查和维护，不仅及时消除设备存在的安全隐患，而且在很大程度上降低了设备故障率。

2.运用QC管理，降低设备故障率

在用的设备要加强信息反馈，确保人员、机械、方法、环境等质量因素处于受控状态。我们对在用的100台QTZ系列塔吊故障进行分析，发现塔吊控制系统的故障率占整个塔吊故障的30%，对此我们运用QC管理方法，找出了塔吊电气控制、安全保护系统故障率高发的5个方面的因素，通过“计划、执行、检查、处理”(PDCA)循环法，找出了出现故障的主要原因，使控制系统的故障率由原来的30%降低为1%，塔吊的完好率达到了100%。

3.在用设备的现场抢修

设备维修工作实施规范化管理的目的，就是要最大限度减少设备在使用中的突发故障。作为一个大型的设备使用、租赁企业如何降低在用设备的故障率，关键在于对故障处理的措施和方法是否得当，为此我们编制了在用设备突发故障应急处理预案，对软件和硬件两个方面进行强化管理，确保设备故障处理的高效率。

(1)软件方面

①首先建立健全组织机构，完善各项管理制度，编制了《服务与反馈管理程序》，将在用设备的抢修工作纳入系统管理。

②设立远程网络监视系统，进行动态监控，设立24小时服务热线，及时处理报修信息，并作出相应安排。

(2)硬件方面

①配备专用抢修车辆和抢修人员，紧急情况，启动应急响应，保证抢修时间和质量。

②针对不同型号设备的故障特点和概率，配备一定数量的机械总成和控制部件，以互换部件来提高对设备的抢修效率。

通过以上有力的措施，极大地提高了我们在用设备故障的处理效率。对市内及周边地区的在用设备，收到报修信息1小时内赶到现场，3小时内排除故障。而对于在远程作业的设备，在当地设立办事处，选派综合素质较高的操作人员，组成强有力的维修队伍，同时配备相应的控制部件和机械总成，以确保对设备故障的处理能力。

三、结束语

建筑机械设备维修保养的程序化管理，是企业规范化管理的重要内容之一，只有严格按照管理程序的要求，充分发挥维修人员的积极性，维修效率、维修质量、维修成本就会得到有效的控制。只有通过科学的精细化管理，才能降低设备的故障率，提高设备的完好率，延长设备的使用寿命周期。

以科学发展观看待中央企业知识产权建设

裴克炜

（中建总公司法律事务部，北京 100037）

一、知识产权对于中央企业的重要性

（一）知识产权概述

1.知识产权的定义

知识产权（intellectual property）是指公民或法人等主体依据法律规定对于智力活动创造的成果和经营管理活动中的标记、信誉依法享有的权利。

2.知识产权的范围界定及分类

《世界知识产权组织公约》对于知识产权范围的界定是：

（1）关于文学、艺术和科学作品的权利；

（2）关于表演艺术家的演出、录音和广播的权利；

（3）关于人们努力在一切领域的发明的权利；

（4）关于科学发现的权利；

（5）关于工业品式样的权利；

（6）关于商标、服务商标、厂商名称和标记的权利；

（7）关于制止不正当竞争的权利；

（8）在工业、科学、文学或艺术领域里一切其他来自知识活动的权利。

一般来说，知识产权可分为两类：一类是版权（也称为著作权），另一类是工业产权（也称为产业产权），包括专利权、商标权、商号权、反不正当竞争权。

3.知识产权的国际条约及组织

关于知识产权方面最重要的国际条约是1884年生效的《保护工业产权巴黎公约》、1887年生效的《保护文学和艺术作品伯尔尼公约》、1978年生效的《专利合作条约》和1989年生效的《商标国际注册马德里协定》。

世界知识产权组织（World Intellectual Property Organization —— WIPO）成立于1970年，总部设在瑞士日内瓦。世界知识产权组织作为联合国组织系统的一个专门机构，是一个致力于促进使用和保护人类智力作品的国际组织。直到2007年6月15日为止，该组织成员国有184个国家。中国于1980年6月3日加入该组织，成为它的第90个成员国。中国1985年加入保护工业产权的巴黎公约，1989年加入商标国际注册的马德里协定，1992年10月加入保护文学艺术品伯尔尼公约，1994年1月1日加入专利合作条约。至1999年1月，中国共加入了该组织管辖的12个条约。

4.我国的知识产权立法及知识产权发展战略

1982年我国通过了第一部有关知识产权的法律《商标法》，并于1983年施行，随后《专利法》于1985年正式施行。1986年通过的《民法通则》在民事权利中加入了知识产权，对著作权、专利权、商标权、发现权做出了规定。随后《著作权法》、《反不正当竞争法》分别于1991年、1993年施行。

我国自1980年加入世界知识产权组织后，陆续出台了关于知识产权的一系列法律，但一段时期内由于知识产权的保护而引发的国际纠纷却在增加。1998年美国通过《综合贸易与竞争法》后，自1989年至2005年，六次将中国列入保护知识产权不利的“观察国家”或“重点观察国家”，三次对中国实施贸易制裁。当然，西方国家对中国知识产权保护的诟病有其政治经济目的，但我国在知识产权管理及保护方面存在差距也是不争的事实。2002年党的十六大第一次将知识产权保护写入工作报告中，2007年党的十七大报告中首次提出了“实施知识产权战略”，标志着我国知识产权工作从“保护”阶段上升到“战略”阶段。2008年6月5日，《国家知识产权战略纲要》提出到2020年，把我国建设成为知识产权创造、运用、保护和管理水平较高的国家。知识产权法治环境进一步完善，市场主体创造、运用、保护和管理知识产权的能力显著增强，知识产权意识深入人心，自主知识产权的水平和拥有量能够有效支撑创新型国家建设，知识产权制度对经济发展、文化繁荣和社会建设的促进作用充分显现。

(二)中央企业的知识产权发展历程

我国自新中国建立至20世纪80年代，国有企业在国民经济中占绝对的优势地位，在商标保有方面和科技研发方面，国有企业所占份额几乎达到100%，而其中中央企业又走在国有企业的最前沿，代表着国家的科技水平。但我国知识产权法律体系建立后，多数中央企业并未高度重视知识产权管理，在科技研发水平仍处于国内最前沿的情况下，对应的专利申请量、持有量增加幅度缓慢。进入21世纪以来，中央企业逐渐加大知识产权管理力度，专利数量有了较大增加，但在全国的占比仍然很低。

2006年中央企业申请专利1.47万项，同比增长46.5%，其中申请发明专利0.71万项，同比增长60.2%，获得授权专利0.74万项，同比增长49.2%。但是2006年中央企业申请专利和申请发明专利数量分别仅占全国申请总量的2.6%和3.4%，授权专利和授权发明专利数量分别仅占全国授权总量的2.8%和3.1%。2007年中国企业有22家进入世界500强，其中中央企业16家，占国内企业的72.7%；而中国品牌40个进入世界品牌500强，而中央企业品牌仅有5个，只占国内企业的12.5%。

2007年，国务院国资委召开了第一次中央企业知识产权工作会议，黄淑和副主任做了《大力加强知识产权工作，努力提高中央企业核心竞争力》的重要讲话。会议确定了今后一个时期中央企业知识产权工作的总体目标，即全面实施知识产权战略，以创造为核心，应用为关键，管理与保护为基础，大力增强中央企业核心竞争力，努力打造一批拥有自主知识产权和知名品牌、国际竞争力较强的大公司、大集团。

在此次会后，国资委大力推进中央企业知识产权建设，并将专利数量作为考核中央企业负责人的一项指标。因此在此后的一段时期内，中央企业的专利数量大幅增加。至2008年底，中央企业累计拥有有效专利6.04万件，其中有效发明专利2.05万件。2008年中央企业申请专利3.09万件，同比增长44.5%，占全国专利申请量的3.7%；获得授权专利1.45万件，同比增长45%，占全国专利授权量的3.5%。2009年，中央企业申请专利3.92万项，其中发明专利2万项；授权专利2.04万项，其中发明专利0.49万项，均接近2006年的3倍。截至2009年底，中央企业累计拥有有效专利7.62万项，为2006年的2倍，其中有效发明专利2.13万项，占总量的27.9%。

2009年，国资委下发了《关于加强中央企业知识产权工作的指导意见》，明确了中央企业加强知识产权工作的总体要求是：紧紧围绕“一个核心，三条主线”，即以研究制定企业知识产权战略为核心，以拥有核心技术的自主知识产权、打造中央企业知名品牌、争取国际标准的话语权为知识产权工作开展的主线，充分运用“企业知识产权战略和管理指南”研究成果，大力提升中央企业知识产权创造、应用、管理和保护的能力与水平，增强企业国际竞争力。

(三)知识产权对中央企业持续健康发展至关重要

长期以来，西方发达国家为保持和不断加大其国际竞争优势，通过建立国家知识产权战略，积极推动企业科技创新和知识产权创造应用；通过参与制定知识产权国际规则，加大对本国知识产权的国际保护力度，抢占并控制科技制高点，保障其在全球市场的垄断地位。发达国家的国际竞争力，集中体现在该国拥有一大批具有较高知识产权水平的跨国企业集团。而作为我国国民经济主力军的中央企业，在知识产权领域却长期存在着"有制造无创新、有创新无产权、有产权无应用，有应用无保护"的问题。中央企业取得了一大批具有国际影响力的重大科技成果，如神舟飞船系列、三峡工程、青藏铁路等，但相当数量的科技成果没有形成知识产权，没有形成核心竞争力，中央企业缺乏知名品牌的问题也十分突出。

世界经济已经形成了全球化的格局，技术创新和知识产权已经成为国际竞争的焦点。西方发达国家的跨国公司正凭借其资金、技术和品牌优势，通过竞争和并购对我国企业的自主知识产权和知名品牌进行打压甚至吞噬。中央企业作为国民经济的主力军，肩负着发展我国民族产业和维护产业安全的历史重任。中央企业要实现做大做强，打造"百年老店"，就必须坚定实施国家知识产权战略，不断提高自身核心竞争力，在经济全球化形势下保证国家经济安全，实现我国经济持续健康稳步发展。

知识产权就是市场，就是利润，就是核心竞争力。中央企业以往专注于国内市场，并通过不断整合和扩张实现了做大，目前世界500强中已经有38家中央企业。但中央企业的未来要看在国际市场中的表现和发展，因此中央企业要坚决实施"走出去"战略，必须把眼光从国内转向国际市场。但与发达国家的跨国公司相比，中央企业在技术创新和自主知识产权方面的差距非常明显，企业大而不强，一些核心技术和关键产品仍然受制于人，在国际上品牌美誉度甚至比不上国内的知名民营企业。中央企业除了做大，更要比拼企业核心竞争力，努力依靠自主创新和自主知识产权在做强上下功夫，才能在未来的国际竞争中占有一席之地。

二、中央企业在知识产权管理中存在的不足

(一)知识产权观念比较淡漠

知识产权的概念是二十世纪八、九十年代才引入中国的，大多数企事业单位和个人对于知识产权的认识相当有限，更谈不上系统的知识产权管理和建立知识产权战略。

传统国有企业普遍存在着讲贡献，轻权利的情况，科技人员搞科研开发、技术革新大多是为了解决当前的技术难题，对于技术成果一般都是以得到广泛推广而自豪，很少想到将技术成果申请为专利，从而取得独占的经济权利。科技人员发表专业论文时也很少考虑保密的问题，而是希望业界了解自己在相关领域的研究水准。对于企业技术秘密的保护意识淡漠，对于外部交流、参观、学习的，无条件开放、展示甚至讲解，导致企业核心技术秘密外流，这一方面景泰蓝制作工艺的外流是一个典型的例子。

中央企业除了知识产权申请方面意识淡漠外，在知识产权的维护上也非常粗放，有因为不按期缴纳年费导致权利自然终止的，有技术已经被淘汰仍然年年缴费维护的。在知识产权的许可使用、转让方面，中央企业鲜有成功案例，导致相当一部分知识产权自己不用也不能让别人用，知识产权无法产生经济效益，客观上造成社会资源的浪费。

在知识产权保护方面，中央企业大多是一种放任的心态，绝少有中央企业建立知识产权保护机制。即使发现自己的知识产权被侵犯，也常常会以事情小、怕麻烦为由置之不理，客观上助长了对企业竞争优势和品牌形象的损害。

(二)知识产权的创立及应用比较落后

中央企业在知识产权的创立方面缺乏系统性和组织性，没有形成集团优势，知识产权的应用度不高，无法产生应有的经济效益，无法形成企业的竞争优势。

以专利为例，近几年在国资委考核导向的带动

下，以及各级政府对于专利申请的奖励措施，使得中央企业的专利数量大幅增加。但仔细研究就会发现，中央企业的专利状况存在以下问题：(1)为了提高数量而申请，导致相当一部分专利技术水平不高，表现在发明专利占比不超过30%；(2)专利申请目的性不够，除了航天和军工领域外，大多数企业缺乏统筹的技术研发计划，专利申请的方向主要是生产技术人员的自发行为，无法形成局部专业优势；(3)专利的应用程度很低，专利申请与企业生产实际脱节，没有建立许可使用和转让机制，导致大部分专利无法产生经济效益，反而产生较高的维护费用，这种现象有愈演愈烈的趋势；(4)专利研发应用没有形成集团优势，专利研发往往是个别生产技术人员的行为，有时是个别基层企业的行为，完全没有发挥集团的协同优势。在使用方面也是各单位个体行为，没有形成全集团共享的局面，无法带动全集团技术进步和竞争优势。

在商标的申请和应用上，除部分产品制造类企业比较规范外，大部分中央企业没有把商标建设和企业品牌建设紧密地结合起来，一些企业存在商标申请、使用杂乱无章的状况，对于商标侵权保护力度严重不足，对于企业品牌价值的打造和提升非常不利。在著作权和商业秘密管理方面，中央企业同样存在着类似的问题。

(三)知识产权体系化管理滞后

目前，相当一部分中央企业知识产权管理仍存在管理散乱，不成体系的状况。专利、商标、著作权、商业秘密分属不同的部门管理，缺乏统一归口管理。知识产权缺乏专业的管理人员，企业内部知识产权联动机制和激励机制不健全。

多数中央企业缺少完善的知识产权管理制度，导致企业在专利技术的研发、商标的注册申请、商业秘密的体系化管理方面缺乏统一的规范；在商标的维护、宣传、使用，在专利的评估、转让、许可、续展方面缺乏有效的工作机制，导致知识产权应用方面的无序，限制了知识产权成果转化为经济效益；在知识产权的保护方面没有统一的规划，也没有形成专业的团队，导致知识产权保护根本无法落实。

作为大型的企业集团，中央企业各子企业的知识产权发展各行其是，发展极不均衡。中央企业内部子企业之间也存在着技术壁垒，合作开发由于彼此的竞争关系变得遥不可及，集团内部的知识产权许可使用没有形成有效的机制，导致重复开发、相互侵权的状况时有发生。

(四)知识产权战略目标不清晰

我国继2008年发布《国家知识产权战略纲要》后，又制定了《国家知识产权事业发展“十二五”规划》，规划明确提出要尽快形成一批拥有自主知识产权、国际知名品牌、国际竞争力较强的优势企业。但是相当一部分中央企业对于国际市场未来的竞争格局没有清醒的认识，没有把企业知识产权建设当作提升企业核心竞争力的关键因素，对于企业知识产权未来发展方向没有从战略角度去考虑。

三、中央企业如何以科学发展观来指导知识产权管理工作

(一)中央企业应当成为我国创新型国家建设的主力军

改革开放以来，我国的国民经济始终保持着高速增长的发展势头，但是我国在世界经济中仍然处于“世界加工厂”的地位，通过低廉的劳动力价格、原材料价格，我们在国际贸易中赚取着微薄的利润，而这些中国生产的产品的绝大部分利润都被发达国家的跨国公司赚取了。造成这种状况的主要原因就是发达国家的跨国公司控制着这些产品的品牌和核心技术。近些年来，随着我们的劳动力价格快速上涨，原材料和能源价格也在不断上升，我们的国际竞争力如何体现成为摆在中国企业面前的一个不容回避的问题。

未来的国际竞争离不开原材料和能源的争夺，离不开规模优势和资金实力，但最重要的还是企业的创新能力和品牌经营。我们要把“中国制造”发展为“中国创造”，就必须在科技创新和品牌建设方面下功夫。中央企业是国民经济的支柱，是共和国的长

子，中央企业的持续健康发展直接关系着我国的民族复兴大业。因此中央企业必须高度重视企业的知识产权战略发展，才能带动我国向着建设创新型国家的目标不断前进。

(二)中央企业要着力打造自身的核心竞争力

中央企业有着深厚的底蕴，有着顽强的工作作风，有着无私奉献的精神品质，有着一大批兢兢业业、敢打硬仗的科技人才。我们有科技创新的坚实基础，只要我们充分认识到知识产权对于企业未来发展的重要意义，我们就一定能迅速提升企业的知识产权管理水平，从而形成企业的核心竞争力，在国际市场竞争中经受考验。

首先，中央企业必须制定符合企业实际的知识产权战略规划，这样才能保证知识产权发展方向，才能有计划、有步骤地为实现战略目标而努力。

其次，中央企业要制定完善的知识产权管理制度，明确知识产权归口管理部门，从国际通行做法看，一般是法律部门作为知识产权归口管理部门，也可以单独设立知识产权部。由此形成一个部门归口管理辅之以各部门分工配合的完整知识产权管理体系。

第三，中央企业要有计划地开展品牌建设工作，通过品牌适度集中，加大品牌宣传力度，维护高品质的品牌形象，防范负面事件对品牌的影响，通过打击侵犯注册商标使用权的违法活动保护品牌价值，并通过打造驰名商标、进行品牌价值评估来展现品牌的经济价值。

第四，中央企业要找准自己的技术研发方向，并整合全集团资源深入研发，力争形成具有竞争优势的专利池，从而以技术优势占领市场、以科技进步创造效益。

中央企业只有通过卓有成效的知识产权建设，才能形成企业最核心的竞争力，才能在激烈竞争的国际市场中打造中国企业的“百年老店”。

(三)中央企业的知识产权建设必须走科学发展的道路

中央企业的知识产权建设要结合科学发展观，实现全面、协调、科学、健康、可持续的发展。

中央企业的知识产权建设，是建立在科学的知识产权战略的基础上的理性发展，不是搞“大跃进”式的成果堆积，知识产权建设必须朝着形成企业核心竞争力的目标不断前进。

中央企业发展知识产权，形成企业核心竞争力，不是要搞技术垄断，排斥他人的发展，而是要站在全国、全世界的角度去发展，通过科技创新，实现科技进步，带动人类社会的不断发展。

中央企业的核心竞争力，要建立在社会发展的前提下，我们不是要在落后的技术上形成技术壁垒，而是要通过技术研发，提高对资源的使用效率，降低对环境的损害，提高劳动生产率，创造更多的社会价值。

中央企业的技术创新，要体现更多的人文关怀，要通过技术进步，保护生产者和使用者的安全和健康，真正实现以人为本，提高全社会的幸福指数。

未来的世界市场竞争的核心是品牌的竞争，是创新能力的竞争，中央企业作为我国国民经济的主力军，必须高度重视知识产权管理工作，从战略规划和管理体系入手，迅速提升自身的知识产权管理水平，保持企业科学、健康、可持续的发展，为把我国建设成为高度发达的社会主义现代化强国贡献力量！

我国建筑领域拖欠农民工工资问题法律探析

吴拉尔斯·哈列汉[1]，蒋天舒[1]，柳颖秋[2]

(1.北京理工大学法学院，北京 100081;2.北京市建筑设计研究院，北京 100045)

建筑领域拖欠农民工工资问题是一个久拖不决的社会痼疾，引发了一系列社会问题，在某种意义上来说严重影响了党和政府的形象。2003 年，温家宝总理替重庆农妇熊德明"讨薪"后，国家出台了很多措施以解决拖欠农民工工资问题，虽然取得了一定成效，但是仍然没有得到彻底解决。2011 年 11 月 17 日发生在江苏省扬州市史可法路上八十多岁母亲欲跳楼替儿子讨薪事件，以及 12 月 2 日深圳市福田闹市区农民工裸体讨薪事件，更是在社会上引起了强烈反响和广泛讨论。建筑领域拖欠农民工工资问题至今仍是最令人诟病的社会问题之一。笔者从法律角度探讨和研究此问题，并提出解决此问题的意见和建议，以求对该问题的解决有所裨益。

一、从法律角度看形成建筑领域拖欠农民工工资的原因

产生建筑领域拖欠农民工工资问题的原因纷繁复杂，是经济、政治、社会、文化等各方面因素综合作用的结果。从法律角度考察，形成该问题的原因如下：

(一)建筑领域没有形成一个杜绝和预防拖欠农民工工资的完备的法律体系

近年来，针对解决拖欠农民工工资问题，在中央和地方各级政府发布的《通知》、《办法》、《决定》和《命令》中，确定了对建筑商和建筑主管部门的行为有重大影响的农民工工资支付保障金和建筑商市场禁入等制度，而且对建筑领域恶意拖欠农民工工资行为规定了较为严厉的处罚措施。但是这些部门规章和地方规章的政策宣示性较强，会随形势的变动而变动，稳定性较差，对于恶意拖欠农民工工资的建筑企业或个人，容易形成"这阵风过后，即风平浪静"的想法，导致一些恶意拖欠农民工工资的企业或个人对拖欠农民工工资存在一种恣意妄为和无所谓的态度，这些部门规章和地方规章未能起到应有的作用和法律威慑力。而且在规范建筑商和建筑主管部门的基本法《中华人民共和国建筑法》(简称《建筑法》，下同)中却没有任何有关预防拖欠农民工工资问题的规定和措施，使上述政府规章和地方规章没有全国人大及其常委会颁布的"法律"作为坚强的支撑，该领域尚未形成以《建筑法》为龙头的有效预防和解决拖欠农民工工资问题的法律体系，为恶意欠薪者提供了"口实"。

(二)现行的"先裁后审"劳动纠纷解决机制存在着明显的弊端

根据《中华人民共和国劳动争议调解仲裁法》(简称《劳动争议调解仲裁法》，下同)的规定，申请劳动仲裁是劳动争议案件向人民法院提起诉讼的必经程序，即"先裁后审"机制。但是，该制度存在明显的弊端，不利于农民工合法权益的保护，也不利于拖欠农民工工资案件的有效解决。如农民工通过法律手段希望能尽快要回自己被拖欠的工资，而当前的劳

动争议的解决必须先经过劳动争议仲裁程序，最终由人民法院对不服劳动争议仲裁裁决的案件行使司法审判权，很多案件需要经过“一裁两审”，一个劳动案件经过仲裁和诉讼的程序可能需要两三年的时间，法院完全可能推翻最初的仲裁裁决，致使“仲裁”前置显得意义不大。同时漫长的诉讼程序，对于农民工来说是无法等待的，这种劳动解决机制既会造成农民工的讼累，也会造成恶意拖欠农民工工资的企业或个人恶意利用劳动争议制度设置的这种弊端故意拖延工资的支付，形成劳动争议案件的大量发生。如辽宁省锦州市的98名民工为了讨回工钱，打了三年官司，不仅工钱一分没要回来，还自己掏了近10万的法院执行费用、律师费用、材料复印费以及交通费用等。

(三)建筑领域的执法监管不严

根据《建筑法》的规定，承建商实行资格准入制度，建筑工程禁止层层转包。但是在实际操作过程中，由于履行行政职权的劳动行政主管部门没有积极主动地行使法律赋予的职权，对承建商的违法行为睁一只眼闭一只眼，持“民不告、官不究”的不负责态度，极少主动查处违法行为，不仅使很多承建商在没有相应的法律资格的条件下通过挂靠其他承建商的办法拿到工程项目，而且使一些包工头没有相应的资质和资金保障的情况下通过层层转包获得项目，使农民工工资的支付处于毫无保障的状态。

(四)预先垫付工程款

预先垫付工程款可以让有垫付能力的工程队揽到工程，而不具备垫付能力的工程队则被排除，这不仅损害了公平竞争的要求，并且直接违反了《建筑法》规定。在工程进度接近尾声时，若开发商仍不支付包含有农民工工资的合同款项，就将造成承包方无力支付农民工工资的窘况，受害的是最底层的农民工。这种经济风险转嫁给农民工，就造成了拖欠农民工工资的问题。

(五)建筑项目层层转包，包工头普遍存在

建筑工程层层转包，是导致拖欠农民工工资有一个主要原因。在目前的建筑市场上，有不少层层转包现象。建筑项目的层层转包说明存在多重合同关系，每多一层合同关系，也就是意味着下一层合同关系当事人利润的减少。而且在一般情况下，每多一层的合同关系，相比较上一层合同关系的资质，下一层合同关系当事人的资质会逐步下降，最终就到了利润和资质都不占优势的最后一层合同关系——包工头。包工头再把工作分给农民工做，为最大限度地追求自己的利润，包工头通常无所不用其极，偷工减料、克扣工人工资，等到出现问题开发商就一走了之，甚至携款潜逃，致使承包方无力或拒绝支付农民工工资。

(六)工资支付方式不合理，工资保障制度没有得到认真地贯彻执行

现在大部分承建商都是采取一揽子承包的方式给其直接的合同当事人支付包含有农民工工资的工程款项，再由直接和农民工发生合同关系的人如包工头向农民工发放工资。根据劳动部关于印发的《工资支付暂行规定》的通知，工资至少每月支付一次。而现实的情况是，大多数承包商或者包工头在通常情况下对农民工工资都不是按月发放的，而是为了自己私利采取年结的方式或者工程竣工后一次性集中发放。根据国家有关规定设立的工资保障制度没有得到有效的贯彻执行，致使承包商和包工头挪用农民工工资款项或者携款潜逃事件经常发生，这也是当前形成拖欠农民工工资问题的惯常性现象。

(七)承建商对农民工存在歧视，农民工缺乏自我保护意识

在上文所述的扬州史可法路上的讨薪事件中，事件所涉承建商就放言，“不就是几个土里吧唧的农民吗？我要用这些钱去疏通关系也不给你，看你能将我怎么样”。这句话的本身就是承建商根深蒂固的对农民工的歧视心理在作祟。同时，农民工这个群体是一个文化水平低和法律意识较为淡薄的弱势群体，缺乏保护自己合法权益的法律意识和能力。具体来说，一方面，大多数农民工一般不是通过正规的求职渠道获取自己的工作岗位，而是通过同乡或者熟人的介绍取得。碍于情面和自己的认识水平，农民工往往不会要求和用人单位签订劳动合同或者用工合同,使承建商恶意拖欠工资有机可乘。另一方面,由于农民工处于社会弱势地位,缺乏保护自己的法律知识、意识和能力,再加上劳动法律体系的复杂性和技术性,他们更是很难有效地维护自己的合法权益,出现拖欠工资问题也就不奇怪了。

二、解决建筑领域拖欠农民工工资问题的法律思考

(一)完善建筑领域杜绝和预防拖欠农民工工资的法律体系

《建筑法》是规范建筑商和建筑行政主管部门行为的基本法律,将拖欠农民工工资的行为作为《建筑法》规范的行为,将是否拖欠农民工工资的行为作为衡量建筑商行为是否合法和适当的主要标准之一,从而形成以《建筑法》为龙头,以中央和地方各级政府颁布的各种行政决定和命令支撑,形成一个完备的预防和杜绝拖欠农民工工资的建筑领域行政管理法律体系,同时明确规定关于承建商拖欠农民工工资的预防机制和法律责任,有助于从根本上杜绝和预防拖欠农民工工资问题提供强有力的法律保障。如将当前操作较为成熟的农民工工资保障金制度和上述承建商建筑市场禁入制度直接纳入《建筑法》当中,从而使劳动执法部门有"法"可依。在法律责任方面,在《建筑法》中规定加大对拖欠农民工工资的惩罚力度,对恶意拖欠农民工工资的用工单位进行最高额处罚,对一些故意拖欠并有非法占有故意的,直接适用刑法关于恶意欠薪罪的规定,从而形成一个完备的预防和杜绝拖欠农民工工资发生的法律体系,减少建筑行政领域"运动式"和政策宣示性执法的嫌疑,使其更有稳定性、预期性和更有威慑力,势必会有助于减少恶意欠薪问题的发生,建议有关部门认真考虑。

(二)改变"先裁后审"的劳动争议解决机制模式

为了减少农民工的讼累,提高劳动争议案件处理的效率,应当对劳动仲裁前置的争议解决机制模式进行改革。如可以改成或裁或诉模式,劳动仲裁不再作为劳动诉讼的前提条件,建立类似民商事仲裁的"或裁或审"模式。取消仲裁前置的争议解决机制模式可以使农民工根据自己的情况选择最有效的纠纷解决方式,以便节约成本,提高劳动争议解决的效率,使得农民工能够负担和承受,以选择更快更有效的方式解决拖欠农民工工资的问题。

(三)加强建筑领域行政监管执法,完善监督机制

为了加强建筑领域的行政执法能力,最大限度地预防和杜绝恶意拖欠农民工工资行为的发生,首先,各级行政执法部门要加强执法队伍建设,通过定期培训,强化日常考核,提高建筑领域执法人员的法律素养和执法能动性。对于玩忽职守,有怠于执法的人员给予警告、处分、撤职等处罚,对于忠于职守、积极工作、成绩显著的执法人员给予奖励。其次,加大对恶意欠薪行为的治理强度和力度,对恶意欠薪的承建商切实实行行业禁入机制,使其违法所得与成本适当拉大距离,使恶意欠薪成为承建商不敢碰触的红线。最后,逐步改变"运动型"的治理机制,建立一种预防、处罚和监督并存的长效治理机制,聘请工会、妇联、人大和新闻等社会各界人士作为保障建筑商和建筑行政主管部门的实施正常建筑行为,依法行政的监督员,监督本辖区的承建商的行为和杜绝如预先垫付工程款现象等会出现危及农民工工资发放的行为的发生,保障农民工工资能够按时如数发放,监督建筑行政主管部门依法行政的行为,对其行政不作为行为进行监督,促使其对恶意拖欠农民工工资的行为进行处罚,定期对检查监督结果进行定期公布。对将要拖欠工资的企业提出预警,对建筑行政主管部门对恶意拖欠农民工工资的建筑商的不作为行为向有关部门提出处理意见,从而加强劳动执法力度,从根本上杜绝类似预先垫付工程款的现象。

(四)规范建筑市场秩序,严禁将工程项目违规层层转包

在建筑项目层层转包时,杜绝工程的多次转包,不得将工程项目分包给不符合资质等级标准和无用工资格的个人、组织及包工头。同时将现实中客观存

在的包工头作为建筑企业的基层管理人员，由总承建商对工程进行统一的支配和管理，将会对上述建筑项目层层转包致使拖欠农民工工资的现象起到一定的抑制作用。

(五)认真贯彻执行工资保障制度

为预防和杜绝包工头侵吞工程款和携款潜逃而使农民工的工资的发放无法保障的问题，劳动监管部门应当监督承建商认真贯彻执行工资保障制度，做到该制度遵守和执行的任何一个细节都处于法律监督之下，阳光是最好的防腐剂，对承建商的遵守该制度的情况全程公开，使其处于人民大众的监督之下。在操作机制上，改变一揽子将建筑合同款项直接支付给分包商或包工头的现象，由总承包商统一按月支付农民工工资，从根本上杜绝拖欠农民工工资的问题发生。

(六)加强对承建商和农民工的教育，完善法律援助机制

为了更有效地解决企业和农民工拖欠工资的劳动纠纷，首先，加强对各级承建商的守法教育，增强他们的法制观念，使他们充分尊重农民工的主体地位，建立起尊重农民工主体地位的意识，是解决拖欠农民工工资问题的重要途径；其次，加强对农民工群体的教育和管理，帮助他们学习更多的法律知识、培养他们的维权意识和遵纪守法意识，在发生建筑商恶意拖欠工资问题时能够通过正当合法的途径维护自己的合法权益，而不是盲目地、一意孤行地采用过激手段讨要自己的工资，甚至出现“得不偿失”和违法乱纪的情况发生；最后，建立和完善的拖欠农民工工资争议解决的法律援助机制，由政府协调各方面的社会力量，加大法律援助力度，把我国的法律援助制度纳入建筑领域拖欠农民工工资的纠纷当中，让农民工群体充分利用法律援助机制来维护自己的合法权益，从而更有效地解决拖欠农民工工资的劳动纠纷问题。

三、结　语

综上所述，建筑领域拖欠农民工工资问题是一个社会顽疾，其产生法律原因也是多种多样、异常复杂的。近年来，从中央到地方的各级政府部门都在探索该问题的解决方式，但是至今仍未找到一个一劳永逸的解决办法。纵观各级政府解决建筑领域拖欠农民工工资问题的历程，我们不难发现各级政府部门在各个方面都做了大量积极有效的工作，之所以该问题仍是困扰着社会各界的难题，是因为我们的建筑管理体制和用工体制出现了问题，要想彻底地、一劳永逸地寻求对拖欠农民工工资问题的解决，就要在坚持立足于现有的法律和政策对建筑领域拖欠农民工工资问题进行预防和解决外，深化以建筑管理体制和用工体制改革，使建筑行政管理部门的行为和建筑商的行为都做到真正的在阳光下运行，做到建筑行政主管部门依法行政，建筑商依法进行建筑商业行为，真正接受社会各界的真实有效的监督，从而使建筑领域拖欠农民工工资的问题有一个根本的解决。

参考文献

[1]高俊学.谈农民工合法权益之保护[J].河北大学成人教育学院学报,2005(01).

[2]李萌.解决拖欠农民工工资问题的制度构建与完善[J].法治与社会,2008(06):21.

[3]李惠民.我国拖欠农民工工资的原因及解决办法：以建筑业为例[J].经济研究导刊,2007(07):45.

[4]于赞.浅谈我国企业工会的维权职能[J].中小企业管理与科技(下旬刊),2010.

[5]邹晓美,高泉.农民工权利研究[M].北京：中国经济出版社,2010.

[6]韩俊.中国农民工战略问题研究[M].上海：上海远东出版社,2009.

[7]樊沈礼,王洪瑞.我国拖欠农民工工资问题法律初探[J].知识经济,2011(24).

基于 REITs 和 PPP 的我国保障性住房融资新模式研究

刘　园，朱　娜

（对外经济贸易大学，北京 100029）

一、引言

房地产投资信托(REITs)是一种集合众多投资者和资金，通过建立某种专门性的房地产资金投资管理基金或机构，进而进行房地产投资和管理，并向投资者分配投资收益的信托方式。它具有高灵活性、高收益性、高受益性等特点，理论上能够有效解决目前保障性住房融资过程中资金短缺、融资难等问题。在实践发展中，西方发达国家通过成熟的保障性住房经营模式不仅解决了国内居民对住房的需求，也成功运作多渠道资金解决了融资不足的问题，更通过上市交易以 REITs 股票的高回报吸引了大量共同基金的进入，进一步推动了 REITs 的快速发展。保障性住房建设作为基础设施建设拥有引入 PPP 项目融资模式的条件。PPP（private-public-partnership）项目融资是近年来广泛应用于基础项目建设融资领域的一项新型融资方式，特别适用于在财政投入不足又无法完全依靠市场的公共设施建设领域。PPP 融资方式是一种公共与私营部门通过合作提供公共设施或服务的一种方式，它通过适当的资源分配、利益共享和风险分担的机制设计，最优地满足政府所需建设的大型、复杂的设施工程①。REITs 和 PPP 项目融资都具有进入我国保障性住房体系的强大优势，通过合理的设计和运作应该能够取得较为明显的成效。但是，REITs 的成功植入需要完善的法律制度和成熟的金融市场环境保驾护航，现阶段而言，如果匆忙借鉴房地产投资信托可能会产生融资效果差、融资成本增高的“水土不服”现象。相反，PPP 融资模式是一种更符合我国现阶段国情的融资方式，在公共基础设施建设的过程中引入市场竞争机制能够更加有效地提供公共服务，先满足社会意义需要，再满足经济意义需要。因此，构建并优化我国保障性住房建设融资模式需要将 REITs 和 PPP 模式共同吸收利用。本文从发达国家经验和新模式构建的可行性、必要性出发，提出构建“分阶段、有重点”的新型融资模式，希望可以进一步推进我国住房体系的完善，提高公共服务质量，实现经济和政治目的的“双赢”。

二、我国现阶段保障性住房融资问题日益凸显

(一) 目前我国住房建设资金来源

资金来源一直是制约我国保障性住房建设的主要困难之一。2007 年国务院在 24 号令《关于解决城市低收入家庭住房困难的若干意见》中，明确指出了廉租住房保障资金的来源，地方各级人民政府需从四个方面切实落实廉租住房保障资金：一是地方财政将廉租住房保障资金纳入年度预算安排；二是住房公积金增值收益应在提取贷款风险准备金和管理费用之后全部用于廉租住房建设；三是土地出让净收益用于廉租住房保障资金的比例不得低于 10%；四是廉租住房租金收入实行收支两条线管

①PPP 融资方式释义来源于加拿大 PPP 国家委员会.http://p3canada.ca/what-is-a-p3.php.

理，专项用于廉租住房的维护和管理①。作为保障性住房的重要组成部分，廉租房的资金来源也是保障性住房融资体系的重要来源组成。

1.财政拨款

财政拨款包括中央专项补助和地方政府财政预算两个部分。保障性住房作为准公共产品，在当前阶段，财政拨款成为了最主要的保障房融资来源。然而，巨大的资金需求使得财政预算面临十分尴尬的境地，有限的财政供给无法弥补住建体系的资金缺口。2011年住建部预测所需人民币1.3~1.4万亿元资金中，只有5 000亿元来自各级人民政府②。

根据财政部公布的2012年中央公共财政预算表数据显示，住房保障部分公共支出2011年执行了1 720.63亿元，预计2012年将支出2 117.55亿元，相比前一年增加23.1%。其中包括374.40亿元的中央本级支出和1 743.15亿元的地方转移支付支出。但是随着城镇居民保障范围的扩大，截至2012年2月全国享有最低生活保障的城市人数已近2 257.8万人，具体国情必将导致资金缺口的扩大，单纯的财政支出已经无力保证保障房建设的顺利完工。

2.住房公积金增值收益

住房公积金是指国家机关、国有企业、城镇集体企业、外商投资企业、城镇私营企业及其他城镇企业、事业单位、民办非企业单位、社会团体（以下统称单位）及其在职职工缴存的长期住房储金。根据1999年国务院发布、2002年修订的《住房公积金管理条例》规定：住房公积金的增值收益应当存入住房公积金管理中心在受委托银行开立的住房公积金增值收益专户，用于建立住房公积金贷款风险准备金、住房公积金管理中心的管理费用和建设城市廉租住房的补充资金。③同时，财政部在1999年的《住房公积金财务管理办法》中也明确指出，住房公积金增值收益除国家另有规定外，应该按照住房公积金贷款风险准备金、上交的公积金管理中心的管理费用和城市廉租住房建设补充资金的先后顺序进行分配。作为我国保障性住房资金来源的另一个主要方面，住房公积金的盈余资本用于保障性住房建设投资获得了较大的成效，一般投入保障房建设体系中的资金都不低于公积金总额的40%。

3.土地出让净收益

土地出让净收益在全国各地的差异是较为明显的。国务院在2007年的《关于解决城市低收入家庭住房困难的若干意见》中指出：地方10%以上的土地出让净收益应用于廉租房建设。长期以来，我国各级地方政府因过度依赖土地出让金而推动了土地出让价格的上涨，从而导致了地方商品房价的增高。但是，随着全国保障房新开量的不断增加，配合国家相关部门对我国商品房价格的抑制和打压，虽然2011年全国的土地出让量与上年相比相近，但随着商品房价的下降，土地出让净收益已经下降明显，部分城市下降剧烈。以北京市为例，2011年北京市土地出让成交总成交额为2 493 745万元，2010年北京市土地出让成交总额为4 889 564万元，相比2010年，北京市2011年土地出让收益减少近50%。④

4.全国社会保障基金理事会

社会保障资金的投入是我国保障房福利性特征的体现，作为我国社会保障体系的一部分，社会保障资金应该成为保障房建设的资金来源之一。2011年2月26日，全国社会保障基金投资南京保障房30亿信托贷款项目启动，专项用于支持南京四个保障房项目建设；2011年6月18日，全国社保基金“第二单”专项投资天津30亿元信托贷款项目，预计能够提供天津市民约为10万套公共租赁住房。作为新启动的融资通道，社会保障基金有政策层面和经济层面的双重优势。截至2010年12月31日，财政累积拨入全国社会保障基金理事会资金总额为4437亿元，理论上，社会保障资金应该成为我国保障体系建设过程中一项重要的资金来源。

自从去年再次提高了保障性住房的覆盖率、提高了保障房的建设量，党中央和各级人民政府已经

①国务院.《关于解决低收入家庭住房困难的若干意见》.2007.http://www.gov.cn/zwgk/2007-08/13/content_714481.htm.

②国家经济观察组，国宏文献情报组.2011年：全国保障房建设推进情况及融资渠道分析.中国建筑金属结构，2011(11)：18.

③中华人民共和国国务院.《住房公积金管理条例》.2002.

④数据根据北京市土地局公布的《2010年土地成交一览表》和《2011年土地成交一览表》整理得来，http://www.bjtd.com/tabid/3063.

积极出台了多项支持性政策，不断扩宽保障性住房项目建设的融资渠道和途径。但是从2011年的保障房实现情况开看，和预期13 510亿元相比，实际投入资本仅为12780亿元，现实中的资金缺口量依然十分巨大。① 虽然财政拨款、住房公积金净收益和社保基金的投资量已经得到大幅提高，但是一方面受到国情影响，另一方面受整个房地产市场信心指数下滑的影响，我国保障房建设的资金供求仍然难以平衡。

经过不断的探索和发展，各级地方政府逐渐扩大了现有保障性住房融资渠道，以缓解住房建设的资金压力，实现下一阶段的住房建设目标。除了原有的四大来源，现阶段我国的保障房建设融资渠道还包括：银行贷款、保险基金、地方政府债券、企业债券、地方性政府融资平台等。这些非政府性资金的注入十分有效地缓解了住房建设中的资金缺口压力，虽然其总量在保障房建设项目投资总额中占比较小，但这些具有金融创新功能的融资方式应该是今后我国大力发展的领域。

(二)下阶段保障房建设资金压力日益增大

1.廉租房和公共租赁房建设资金需求量大

廉租住房的建筑用地是政府无偿划拨的，公共租赁房提供给有经济支付能力的居民也是政府划拨土地。因此，廉租房和公共租赁房的建设成本可以狭义定义为房屋的建筑成本。根据《2011年统计年鉴》，2010年竣工房屋造价为2 228元/m²，考虑廉租房和公共租赁房在土地价格、税收政策、装修等费用的减免，本文将保障房屋建造均价定为1 800元/m²，大约为商品房造价的80%。同时考虑通货膨胀率的影响，假设每年建设成本上涨2.5%，则得出2012年保障房造价应为1 891元/m²。2012年我国保障性住房的建设开建量为700万套，实际在建量将高达1 800万套，因此2012年新增投资需要至少1 323亿元。

2.棚户区改造范围不断扩大

城市和国有工矿棚户区改造是我国保障性住房体系中占比较大的一部分。按照《住房城乡建设部、国家发展改革委、财政部、国土资源部、中国人民银行关于推进城市和国有工矿棚户区改造工作的指导意见》(健保[2009]295号)，棚户区主要是指国有土地上集中连片简易结构房屋较多、建筑密度较大、基础设施简陋、房屋建成年限较长、使用功能不全、安全隐患突出的居住区域。城市棚户区为城市规划区内的棚户区，国有工矿棚户区为城市规划区外的独立工矿棚户区。中央要求全国力争从2009年起，用5年左右时间基本完成城市和国有工矿棚户区改造，有条件的地区在3年内完成。在住建部统计的我国2011年保障性住房明细中，棚户区改造量占到了整体保障房体系建设的40%②，约为414万套。③因此，在2012年新增700万套保障房建设的压力下，全国城市和国有工矿棚户区的改造也将面临开工量增大的压力，改造范围不断扩大、拆迁成本不断上升。

3.融资困难再度凸显

2011年我国保障性住房建设资金缺口为6 550亿元，远远高于预期的4 070亿元的资金缺口；2012年虽然公共财政拨款将达2 117.5亿元，比上年增加23.1%，但是保障性住房建设项目的缺口将依旧制约我国保障体系的建设和发展。制度上的缺陷、地方政府土地供应不足导致参与积极性不高，宏观经济环境中我国经济的逐渐回落、从紧的房地产市场调控政策导致市场环境低迷、金融创新不足、金融工具缺失等，都将在一定程度上继续加重我国保障房体系建设的融资压力。积极拓展新的融资渠道、利用金融创新，在一定程度上缓解我国保障房融资困局已成为“当务之急”，逐步调整和改革我国目前的融资模式是从根本上解决资金困难的方法和对策。

三、国外REITs和PPP模式成功运作的经验借鉴——以美国为例

(一)REITs的融资方式及运作模式

REITs(Real Estate Investment Trusts，简称REITs)

①国家经济观察组，国宏文献情报组.2011年：全国保障房建设推进情况及融资渠道分析.中国建筑金属结构，2011(11)：19.

②国家经济观察组，国宏文献情报组.2011年：全国保障房建设推进情况及融资渠道分析.中国建筑金属结构，2011(11)：18.

③根据住建部统计信息预计得来，截至2011年10月底，全国保障性住房开工量累计约为1033万套.http://www.mohurd.gov.cn/xwfb/201111/t20111110_207338.html.

是一种以发行股票或受益凭证的方式汇集特定多数投资者的资金，由专门进行房地产投资或管理的基金或机构向特定多数的投资者募集资金，将这些资金集合进行房地产投资和经营管理，并将投资收益按一定比例分给投资者的信托基金制度，它是投资信托制度在房地产市场的应用。按照组织形式划分，REITs可分为公司型和契约型两种；按照资金募集和流通方式出发，REITs又可分为私募和公募两种；从交易方式是否可以赎回，分为封闭式和开放式REITs；从REITs的投资类型划分，REITs可分为权益型、抵押型和混合型三种。

与发行债券、海外融资、民间借贷、上市等融资方式相比，REITs融资方式本身虽然也有受金融环境、制度要求等方面的限制和欠缺，但是信托的主体环境相对于其他融资方式要宽松和稳定的多，房地产投资信托概括起来有四点优势：第一，有利于我国房地产市场的健康发展。REITs融资能够有效降低房地产企业对银行信贷的依赖，优化融资结构；REITs是房地产投资职能的表现，在成熟的金融环境中，REITs能够持续获得稳定的较好的回报率；REITs信托机制利用表决权能够实现中小股东对上市公司的监督，促进房地产企业资源优化配置。第二，集中众多中小投资者，实现大量资金的募集和管理。REITs能够面向众多中小投资者进行资金募集，实现社会闲散资金的有效利用。第三，规避和分散风险。REITs的运作过程就是将企业、居民盈余的资金投资到国家社会的重大项目工程中，这种具有民间意义的资金融通，在扩大投资来源的同时也无形地将项目投资风险分散，减少单一投资主体所承受的风险。第四，这是一种符合国家的经济和产业政策的、较为理想的投资工具。① REITs要在美国设立需在分配要求上满足将等于或超过REITs总收入的95%分配给股东，这就保证了作为REITs的房地产具有很强的保值功能。

REITs的定义起源于美国1960年的税法，经过四十多年的发展，随着美国税法及相关法律制度的调整完善，同时伴随着美国金融市场的日益繁荣和成熟，REITs已经逐渐成为一种成熟的商业信托方式为世界各国争相引进和模仿。根据美国全国房地产投资信托协会的统计报告显示，2011年共有160只股票在美国证券交易所上市，REITs股票的总市值已经达到了45050亿美元，其中包含130只市值为40 752.8亿美元的权益性REITs，占总市值的90.5%。2011年REITs股票每股收益率为14.82%。②

REITs在美国得到了不断的创新和发展，不断调整的税收优惠政策和房地产商发行IPO等的融资行为都推动了REITs美国结构的不断演变。1986年以前，美国采用的是传统型REITs结构，REITs的资产管理、房租收取等活动都采用外包给独立的第三方进行，因此，通常直接拥有房地产资产。在20世纪70年代和80年代初期，美国出现了合股(Stapled stock)和双股(Paired-share)的REITs结构，并在合股REITs结构的基础上新发展了纸夹(Paper clipped)的REITs。目前，美国房地产市场最流行的结构是伞形合伙结构(UPREIT)，这种结构的REITs能够解决房地产行业传统融资渠道受阻的问题，使新成立的REITs迅速公开上市募集资金，它的出现促使了美国REITs的IPO热潮出现。UPREIT的结构见图1。

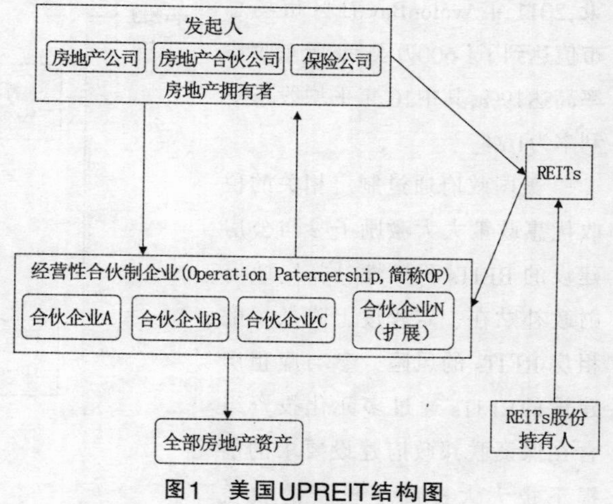

图1 美国UPREIT结构图

REITs在商业地产和工业地产的投资获得了成功，它为众多投资者提供了长期、稳定、持续的现

①罗真.我国房地产投资信托基金(REITs)发展策略研究.房地产经济，2006(10)：32.

②AvalonBay Community.Portfolio overview.http://www.snl.com/irweblinkx/GenPage.aspx?IID=103145&GKP=202668.2011(11).

金流。在保障性住房尤其是廉租房项目中,REITs也发挥了积极的作用。从20世纪80年代开始,美国已经开始运用REITs投资于廉租房建设项目中。1986年美国出台了一项旨在促进中低收入家庭住房建设的住房返税政策(Low-Income Housing Tax Credit,简称LIHTC),自此掀起了美国廉租房REITs的投资高潮。在20多年的发展中,LIHTC已经成为美国保障性住房最为有效的促进政策,它成功解决了美国从1986年开始的约为240万的保障房短缺。许多房地产公司和REITs从LIHTC的税收返还政策中获利,廉住住房的收益和政府补贴为投资者提供了持续、稳定、低风险的收益。

美国的AvalonBay社区REITs就是从LIHTC中获利的廉租房REITs代表。AvalonBay社区是权益型REITs,其业务涵盖了美国东北部、太平洋西北部、美国北部、南加州和大西洋中部等地区,2011年AvalonBay社区REITs在房地产高壁垒市场建成了173个社区共50 927户,翻新8个社区2 367户家庭,在建19个社区共5 244户。[①]受益于LIHTC政策,2011年AvalonBay社区市场总市值达到了1 600万美元,股东收益率高达19%,其中10年平均股东受利率为16%。[②]

美国政府通过制定相关的税收优惠政策大大激励了参与公房建设的REITs积极性,同时,政府财政补贴在一定程度上降低了廉租房REITs的风险。参与廉租房建设的REITs通过多元化投资组合在保证联邦政府建设要求的前提下也大大提高了投资的收益性。成熟的法律制度、多元化的投资组合、有力的税收优惠和专业的公司团队管理是美国廉租房REITs迅速得以发展的重要原因。

(二)PPP项目融资方式及运作模式

PPP(Public-private partnership)项目融资模式是近20年来各国和各组织都积极引入基础设施建设项目中的一种新型融资方式,即公共部门与私人部门之间建立联系共同提供公共产品和服务的一种方式。在PPP模式下,公共部门与私人部门发挥各自的优势提供公共服务和产品,分散风险、共享收益。城市基础设施建设可采用多种模式进行,参考世界银行和加拿大PPP国家委员会的分类方式,并结合我国国情,PPP可以8种模式进行运用(图2)。[③]

具体而言,外包类PPP项目一般是由政府投资,

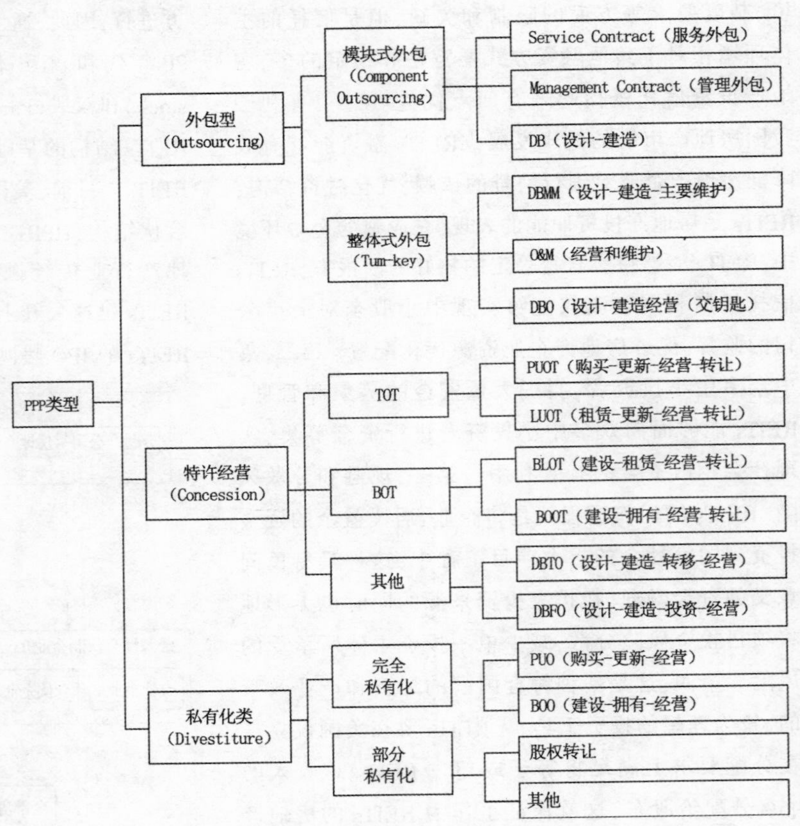

图2 PPP的三级结构分类法

①AvalonBay Community.Portfolio overview.http://www.snl.com/irweblinkx/GenPage.aspx?IID=103145&GKP=202668.2011(11).

②AvalonBay Community.Targeted Growth:2011 Annual Report.http://www.snl.com/Cache/13071586.PDF?D=&O=PDF&IID=103145&OSID=9&Y=&T=&FID=13071586.2011:2.

③周林军,曹远征,张智.中国公用事业改革:从理论到实践.北京:知识产权出版社,2009(04):27.

私人部门承包整个项目中的一个或几个职能，负责工程建设或工程管理维护并通过政府付费获得收益；特许经营类PPP是强调私人部门参与部分或全部投资，并通过和公共部门建立的合作机制共享收益、分散风险，在合同结束后需将项目使用权或所有权交还给公共部门。这种模式的PPP能够很好的实现社会资源的整合，分散投资建设风险、降低成本、提高公共服务质量。私有化类PPP模式是私人部门完全投资的项目模式，政府部门只负责监管，由私人部门自负盈亏、自担风险，同时建设项目的所有权和使用权也是全部归私人部门所有。

美国在公共住房的建造过程中广泛应用了PPP模式。1937年开始美国实施公共住房制度，由联邦政府提供住宅建设资金、大修资金和部分管理运营资金，房屋的所有权归各州政府公共住房局(PHAs)所有。[①]20世纪60年代开始，美国在城市社区中广泛推广"同利开发"和"城市控制"计划，鼓励居民参与社区和城市的建设；20世纪70年代，在对波士顿等城市的改造过程中成立了城市开发公司，将政府、开发商及其他公众通过合作机制参与到项目的建设当中，在保证各方利益互赢的情况下也有效地解决了在城市改造过程中的诸多问题，创立了新PPP模式。

四、构建符合我国国情的保障性住房融资新模式

（一）我国保障房项目建设可采用"PPP+REITs"的混合融资模式

1.保障性住房融资模式应是全局性的融资模式

资金瓶颈和制度落后是制约我国保障性住房建设的重要因素。目前来看，建立具有金融创新的融资模式首要任务在于解决实现保障房目标的实施过程中"资金荒"问题，保证下一阶段各地开建和在建的保障性住房按时按量竣工；长远来看，我国保障性住房融资模式的建立应该是金融创新和金融深化的结果。融资模型的建立应该具有长远性和有效性，既要迅速解决当前我国住房建设中日益扩大的资金缺口，同时也要将新融资模式的建立与我国房地产市场和金融市场的深化发展相结合。从资金的需求方而言，融资模式关键在于提供足额、持续的融资；从资金的供给方而言，融资模式既要能回报投资者连续、低风险、可观的收益，也要从监管上促进房地产行业的优化同时促进资本市场的深化发展。

2.保障性住房融资模式应是有效性的融资模式

在对保障性住房融资中国模式的研究上我国学者做出了重要的贡献。理论界较为认可的研究方向主要集中在三个方面：以房地产投资信托基金为基础的我国廉租房建设研究及其实证分析；基于公共部门角度的PPP模式在我国城市基础设施建设中的模式建立及可行性分析；混合PPP项目模式和REITs融资模式的适用性讨论。其中，前两个方面的学者讨论是较为丰富和详细的，除了对于定义、国际经验、模式设计等理论性的探讨，近些年来也有不少学者对PPP模式的风险因素定价、REITs收益同股票市场、房地产市场的关系等方面进行了实证研究，在研究的系统性和实证性上都有了较大程度的提高；而第三个方向的研究是较少且定义不清晰的。鲁会霞(2011)认为扩大融资规模可以采用"PPP+REITs"的融资模式，政府城建部、房地产公司、信托公司都需要参与其中，由最初城建部和房地产公司组建的项目公司投资管理到后期将保障房及相关设施打包给信托公司进行再融资。[②]赵以邢(2010)提出由于我国REITs刚起步，为了控制风险，廉租住房和公共租赁房实行REITs的融资应该分两个阶段进行：第一阶段运用PPP模式进行实体住房的建造、运营和管理，第二阶段发行REITs募集社会资本购买实体资产，实现廉租住房和公共租赁房的资产证券化。[③]

从发达国家房地产投资信托发展经验来看，REITs是联合房地产市场和资本市场的重大金融创新工具，将REITs用于保障房建设中不仅能够提高

---

①巴曙松，王志峰.资金来源、制度变革与国际经验借鉴：源自公共廉租房.改革，2010(03)：83.

②鲁会霞.中国保障性住房项目融资模式探析.当代经济，2011(08).

③赵以邢.廉租住房和公共租赁住房实行REITs融资的可行性探讨.武汉金融，2010(09).

房地产资产流动性，聚集社会闲散资金产生更大现金流，也能够通过良性的监管和信息披露制度提高整个保障房体系的运作效率和透明度。但是，成功运行REITs融资模式需要满足较为严格的制度和市场环境要求。美国REITs实际上是美国税收利益下驱动的产物，它的实质在于信托。因此，房地产信托法律和税收政策是REITs成功的首要条件，而这一领域在我国目前是缺失的，建立起较为完善的法律制度需要较长时间的推进和修改。美国REITs的繁荣离不开IPO的发行和成熟金融市场的支持，与发达金融市场相比，中国的金融市场仍然处于发展的初级阶段，短期内难以形成公开募集产生的由个人投资组成的REITs规模，筹资规模十分有限。

PPP融资项目是一种政府部门和私人部门共同协作的模式，合作达到“双赢”甚至“多赢”的成效。与传统以企业资信为基础的企业融资相比，PPP融资模式能够为大型基础设施建设提供资金，同时分散企业和政府部门的融资风险，实现经济的需求和社会的需求。事实上，近几年全国各地建立起来的地方性政府融资平台就是PPP模式的具体运用。但是，PPP融资模式涉及众多参与主体，协作机制庞杂，整个融资模式耗费成本较高；同时，因为政府部门的参与，PPP融资模式的运用必须十分注意界定政府的职能边界，因地制宜地采用不同融资模式。

PPP项目融资和REITs融资过程中出现的障碍会使保障性住房在融资的过程中出现运营不畅、收益不高、无法达到最优化市场配置等问题。因此，笔者认为通过发挥REITs和PPP融资模式各自的优点，合理设计两种融资方式相结合的融资新模式能够成为解决我国保障性住房融资困境的一剂良药。

(二)“PPP+REITs”融资模式的介绍

1.发展我国保障性住房“PPP+REITs”的总体思路

保障性住房本质上属于准公共产品，PPP模式能够有效地将政府管理同市场机制结合起来，一方面利用政府的力量科学规划、提出目的和建设要求，另一方面利用市场的力量通过市场化融资、市场化运作机制来融资、使用和偿还，整个项目的风险合理分散、服务效率大幅提高。保障性住房REITs实质上仍属于房地产投资信托基金范畴，只不过投资对象为廉租房、公共租赁房、棚户区等主体。因此，依据我国具体国情，同时借鉴理论界已有的融资模式成果，笔者提出“分阶段、有重点、循序渐进”的保障房“PPP+REITs”融资模式(图3)。其发展的总体思路是：我国的保障性住房融资模式应该分三个阶段实现，发展初期、发展中期和成熟期。在融资模式发展初期，基于对我国金融市场的不成熟性和加强政府职能的考虑，这一阶段的融资应以PPP项目模式为主，可发展特许经营模式的PPP，私人部门和政府部门协作经营，在不放松政府调控的前提下更多地利用私人部门进行资金融通，解决大量开建、改造保障房所产生的资金短缺问题。在融资模式发展中期，此时的保障性住房已经可以基本满足大部分或全部中低收入人群对住房的需求，保障性住房开建量逐渐减少、在建工程继续开展，对建设资金的需求已经没有初始阶段急迫，数额也有大幅度减少，此时的融资重点应该在于继续保障在建工程的按时竣工和棚户区改造项目的顺利推进；但是考虑到我国地方经济发展程度的差异性和保障房建设项目的不同进展，在保障房项目完成较好且PPP项目合同即将结束的经济发达地区，应该适时引入保障性住房REITs，通过信托公司的专门性运作经营融得资金，此部分资金用来投入下一阶段的保障房建设和相关设施服务的提供及维修；即在经济、社会条件成熟的地区试点推行保障房REITs，在仍需政府保障的地区继续运行发展较为成熟的PPP模式。在融资模式的最后成熟阶段，应该大力推广保障房REITs在全国的实行；成熟阶段我国的金融市场尤其是资本市场应该处于较为成熟的发展阶段，REITs依赖的房地产法、税法等

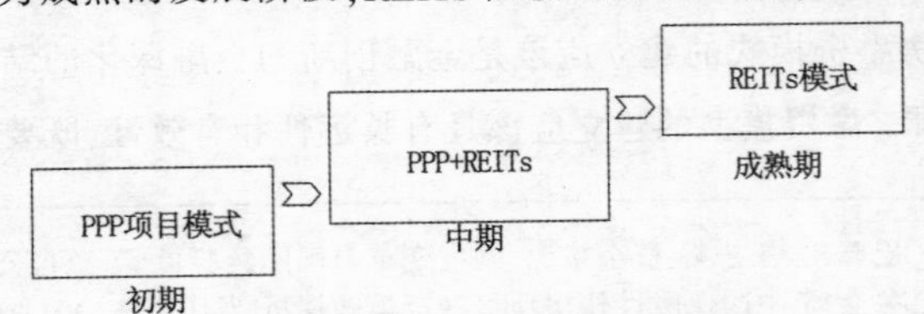

图3 “PPP+REITs”融资模式阶段图

相关法律体系应已经建立,此阶段的REITs除了继续募集众多中小投资者资金用来投入我国保障房体系建设中,还应争取上市交易,最终实现资本市场和房地产市场的相互促进发展。需要强调的是在整个保障性住房融资模式的发展过程中政府部门需要始终切实履行自己的职能,由主导向监管逐渐过渡,严控风险、积极调控。

2.我国保障性住房"PPP+REITs"融资模式具体思路

(1)初期阶段:PPP融资模式为主,融资重点在于解决"资金难"问题

政府部门科学确定保障房建设标准和要求,包括建筑面积、质量、装修标准等并划拨建设用地。通过公开招标选择具有良好资质的房地产公司加入到项目建设中,并通过特许经营与房地产公司组建项目公司。项目公司可采用BOT的融资模式,即先由房地产公司组织建设保障房,然后由其营运一段时间直到收回成本、取得一定收益后再将所有权交回政府部门。项目公司在整个项目运营过程中负责保障房的项目的资金筹集、建设和营运等活动。在整个项目期内,建设资金来自于三个方面:房地产企业、政府部门和金融机构,其中房地产企业和政府部门的出资比例根据协议商定。当合同结束,房地产公司应将项目交还给政府公共部门(图4)。

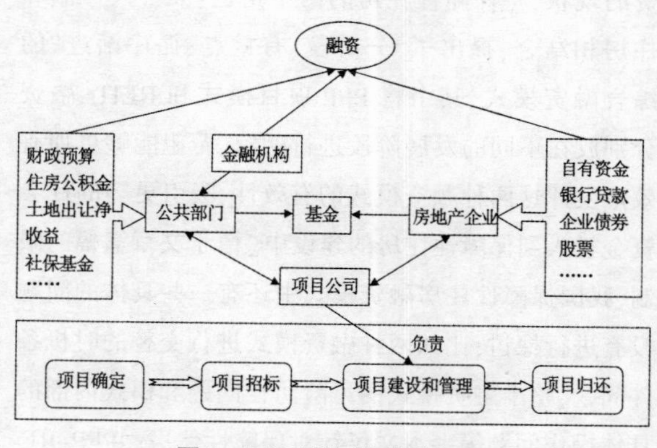

图4 PPP融资模式流程图

(2)中期阶段:PPP融资模式和保障房REITs相结合,分区域、有重点、试点推行

中期阶段保障性住房的覆盖率目标大部分完成,大部分保障人群能够基本解决住房困难问题。保障房开建量、在建量逐渐减少,资金压力明显下降,但仍需要大量资金保证目标的实现和一般性经营维护需要。在经济发达地区,保障性住房目标即将提前完成或已经完成,项目公司在利用现有筹资维持保障性住房建设的基础上,还需开始向社会公众筹资以持续建设保障房。在条件基本成熟的地区或城市可以试点进行保障房REITs,我国的保障性住房REITs采用权益型。在试点阶段,C-REITs可采用契约型REITs设立,封闭的方式运营,私募的方式筹集资金。项目公司将已建设的保障房及相关配套设施打包委托给信托公司,由信托公司以非公开方式向机构投资者或个人推销REITs并筹集REITs资金,筹集资金由专业机构管理和营运。具体结构如图5所示。

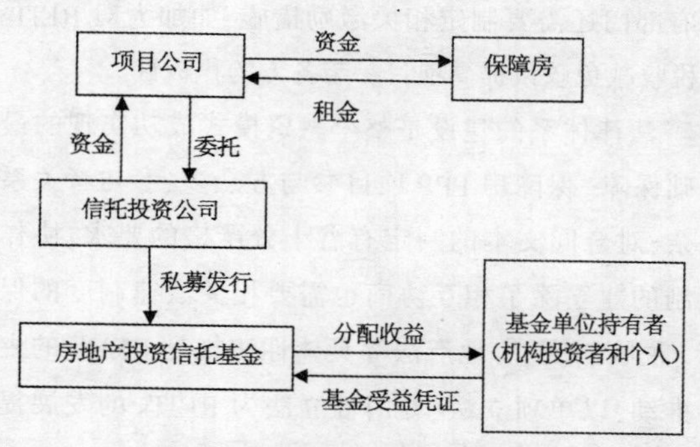

图5 保障性住房REITs结构

(3)成熟阶段:REITs融资模式为主,实现房地产市场和资本市场双向互动

在保障性住房融资模式发展的成熟阶段,我国的法律体系、资本市场、专业人才、公司治理应该处于基本成熟或较为成熟的阶段。此时,保障房融资应以REITs融资为主,逐渐推广公司型REITs,公开募集资金,开放式运营并通过在海外资本市场上市(IPO)来实现最终在国内的上市交易。在此阶段,应该将保障房REITs作为金融创新的结果,推动我国资本市场和房地产市场的双向发展。至此,保障房的融资应该大部分交由市场机制进行配置,政府部门主要负责对资本市场和房地产市场的风险监管及相关法律制度体系的完善。

五、关于完善中国保障性住房融资模式的建议

PPP项目融资模式事实上已经在我国的保障房融资过程中得到了运用，并且收效明显。相对来说，信托基金在我国尚处于起步阶段，基金的收益性和稳定性是融资成功与否的重要激励因素。因此，为了使"PPP+REITs"融资模式在我国得到成功应用，我们从以下三个方面提出合理的建议：

(一)合理发挥政府职能，完善法律法规建设

政府职能在PPP模式中是十分重要的内容，对于政府职能边界的定义在一定程度上决定了政府和市场在融资过程中的关系。合理发挥政府职能要求政府部门转变职能角色，由初期的主导型转向对项目运行的监督者，提高保障性住房PPP项目的运作效率。同时，政府部门还需要制定相关激励措施，如加大对REITs的税收减免政策提高项目参与各方的积极性。

法律体系的建设是整个融资模式成功实现的最基础保障。保障房PPP项目参与方众多、参与者关系复杂，对合同文本的制定有着十分严格的要求；协作机制的建立除了相互协商也需要相关法律制度的保障。税收制度、房地产法等具体性法规是REITs的主要推动，以单项立法、专门性立法为REITs的发展提供良好的法律环境和支持。

专业协会的建立也会在一定程度上促进我国保障性住房融资新模式的建立。在"PPP+REITs"融资模式的推广过程中，由于涉及部门众多、范围较广、专业性较强，设立专业性咨询机构可以广泛运用各方资源和力量，通过专家和专业人士的参与，结合政府机关的职能发挥，为保障性住房融资模式的建立提供优质高效的服务。

(二)推进金融市场的进一步发展和完善，扩宽投资渠道来源

推进金融市场的进一步发展是基金收益性的具体要求。我国目前的资本市场仍旧处于幼稚状态，股票市场很不稳定。设立房地产投资基金，其收益对机构或个人投资者的吸引力在运行过程中占据了十分重要的地位。成熟的金融市场能够为REITs带来可观的资金规模，多渠道的投资能够为REITs提供活力，可观的回报和稳健的表现是保障房REITs发展壮大的必要保证。

(三)完善专业人员培育，提高信息公开化程度

加强专业人员的培养是融资模式运作复杂性、专业性的实际要求。发展"PPP+REITs"的保障性住房融资需要建立一支精通业务、熟悉法律和房地产市场并熟练操作业务运作的专门性管理人才队伍。因此，政府部门和私人部门需要加强对专业人群的培养，培养出复合型、全面型的专业知识人才。同时，要尽可能使各类包括房地产信息、国家政策信息、金融证券信息及时、准确地传递给信息需求者，[①]促使大家在信息公开情况下从事融资运作，促进我国PPP模式和REITs的顺利发展。

六、结　语

保障性住房因为具有福利性的特点，单纯依靠市场机制进行融资在现阶段中国是难以实现的。目前我国保障性住房融资渠道单一、筹资规模偏小、社会资金配置率低等特点既给政府财政带来巨大压力，也面临了与预期目标相背离的逐渐扩大的资金缺口的现象。本文通过分析目前我国保障性住房融资的现状，将保障性住房的两个角色：准公共产品和住房相结合，提出了"分阶段、有重点、循序渐进"的综合融资模式，其中将PPP项目模式和REITs融资分别放在不同的发展阶段进行融资，希望能够更加有效地发挥这两种融资模式的有效性，吸引更多的社会资金投入到保障性住房的建设中。由于文章篇幅的限制，我国保障性住房融资模式中还有一些具体的问题没有进行探讨，比如两种融资模式进行交替的时机条件问题、整个融资模式的风险防控问题和模式内部的具体操作问题等。本文仅针对保障性住房"PPP+REITs"融资模式整体上进行分析说明，相信在以后的分析研究中还会有更多的问题是值得探讨的。

①张寒燕.房地产投资信托(REITs)研究.中国社会科学院研究生院.2005(05):168.

房地产宏观调控政策背景分析与房地产企业应对策略探讨

欧阳国欣

（中国海外发展有限公司，北京 100034）

1998年我国实行住房分配制度改革，经过十五年的高速市场化发展，中国房地产市场取得了跨越式的发展，市场化的意识深入人心，人们的居住条件得到了极大的改善，土地制度的改革增强了国家和地方政府的财政收入，房地产业发展成为国民经济发展的支柱型产业，对我国社会主义市场经济的发展做出了十分突出的贡献。同时，伴随着房地产业的快速发展，市场需求的释放和人们投资意识的觉醒，房价的快速上涨也成为全社会关注的焦点，从西方引进的房价收入比、租售比、空置率、亮灯率等等概念充斥着市场的方方面面。因此，十五年的房地产业发展史也是政府对房地产业的调控史。

2011年2月以来，国家对房地产业进行了史上最为严厉的宏观调控。其力度之大、时间之长、综合政策的并举之广等等，有更为深层次的原因，是我国经济发展过程中所面临的人口问题、城镇化、区域经济发展不平衡、贫富差距问题、通货膨胀，以及资源消耗等各种深层次问题的集中体现，是房地产业发展到特定阶段的历史必然性。

对于房地产企业而言，如何深刻认识国家出台宏观调控政策的历史背景、如何清醒地分析房地产业结构调整所带来的风险与机遇、如何抓住市场机会苦练内功、贴紧客户需求打造适销产品、深入挖掘市场潜在购买需求等等就成为企业能否发展甚至生存的关键，显得十分重要。

1979年我国实行对外改革开放政策，1992年我国建立社会主义市场经济体制，1998年我国取消福利分房实行市场化住房体制改革，经过三十余年发展，市场化经济取得了非常显著的成绩。至2011年底，我国国内生产总值达到47.16万亿元人民币，仅次于美国，位居全球经济总量第二，相比改革初期1979年工农业总产值6 175亿元人民币，增长了76倍之多，令世界瞩目。与此同时，我国房地产行业在短短15年里，已经达到了一个较高的经济规模总量。根据国家统计局的数据显示，2011年全国房地产投资额为6.17万亿元人民币，全年商品房销售额为5.91万亿元人民币。可以说，房地产行业从无到有，从弱到强，经历的是一个高速跨越式的发展阶段。

然而，由于房价的上涨，自2011年2月份开始，房地产行业再次进入到了新一轮更为严厉的宏观调控阶段。国家根据当前行业发展的现状和所面临的问题，调整和制定了房地产行业的发展方向和相关政策，并采取了限购、联动金融、信贷、税收等多种手段在内的一系列严厉措施，对房地产业进行大力调控，使其进入到了一个新的发展环境和阶段。这一宏观调控政策的出台有其深刻的历史背景和现实必然性。

首先，我国巨大的市场需求释放与房价的快速上涨之间存在尖锐的矛盾。

我国是人口大国，基数十分庞大，人口问题始终是我国社会经济发展历程中难以解决的基本难题。至2011年末，我国总人口规模已经达到13.5亿人，解决如此庞大人口的居住问题和提高居住质量，既是房地产行业发展千载难逢的机遇，也是房地产行业发展过程中诸多问题产生的深层根源。

巨大的人口基数带来的巨大需求使土地显得十分稀缺，根据我国的人口规模，人均居住面积每增加一个平方米，意味着要增加13.5亿m^2的住房，如按平均容积率3计算，则意味着要提供4.5亿m^2的居住用地，加上相应的配套建设用地，实际需要的土地面积还要增加15%左右。而我国土地资源的实际情况是，虽然幅员辽阔，但受高原、丘陵和山地比例过高的影响，实际可利用开发的土地资源较为稀缺，居住用地供应更是严重不足。

同时，房屋建设的生产能力相对于巨大的人口规模也变得相对不足。十五年来我国房地产开工量、竣工量、在建工程量均是世界第一，2011年全年，全国住宅竣工面积达7.2亿m^2，位居全球首位，但由于人口基数巨大，折合成人均仅为0.53m^2，还远远满足不了市场需求，这是中国房地产业发展的一个基本判断。

其次，我国近年来高速的城镇化进程则又进一步加剧了解决问题的复杂性。

随着改革开放的深入，我国的农业生产力水平的提高，农村人口得到大量的释放并向城镇转移。进入到二十一世纪以来，城镇化进程在以每年超过1%的速度推进。至2011年末，我国城镇人口比例达到51.27%，年增长速度为1.32%；城镇人口总量达到6.9亿，比2010年增加2100万人。2011年城镇新增加的人口规模，如果按人均居住面积30m^2测算，则新增的居住需求即可达到6.3亿m^2，相当于当年住宅竣工面积的87.5%，这就进一步加剧了解决问题的难度。同时，伴随着城镇化的进程，我国出现了大量的失地农民，同时也形成了全世界独一无二的巨大的人口大迁徙，从农村流向城市、从西部流向东部，城市拆迁、安居问题、市政配套、农民就业、医疗保障、子女上学、交通拥塞、社会治安等等问题应运而生。人口的聚集使得房地产业出现了结构失调，人口流向地价格急剧上涨，带来相应的社会问题。

第三，区域经济发展不平衡是我国经济领域中长期现实存在的难题，导致我国房地产业存在严重的地区差异性和区域差异性。

在我国，东部地区和中心城市经济发展迅猛，生产力水平高，投资环境优越，财政充裕，城市基础设施建设水平和速度远远高于中西部地区和二三线城市。这就直接导致了东部地区和中心城市在吸引房地产开发投资和外来人口方面更具优势。

根据国家统计局年度数据显示，2011年全国房地产开发投资6.17万亿，东部地区房地产开发投资达到3.56万亿，占比高达58%。再以北京市为例，作为首都和政治文化中心，北京市在近十年的发展速度和城市建设水平有目共睹。仅就地铁交通一项，目前运营中的线路就多达15条，总长度370km；另有建设和规划中的地铁线路7条；预计到2015年地铁总长度达到662km，2020年达到1 000km以上。这样的城市建设水平对于外来人口的吸引能力不言而喻，至2011年末，北京市常住人口数量达到2 018.6万人，比上年增加56.7万人，增长速度达到了2.9%，远超全国城镇化平均水平，还未包括大量的外来人口。

区域和城市经济发展不平衡使得外来人口和房地产开发资金过于集中于东部地区和中心城市，导致由于人口问题和城镇化问题产生的居住问题更为复杂。由于北京、上海、广州、深圳等大城市聚集了全国最好的配套资源，也使得这些城市在本轮房地产业发展中价格出现了较大幅度的上涨。因此，快速增长的居住需求加剧了上述地区和中心城市房地产价格的暴涨，仅仅依靠市场调节或简单调控手段已经无法实现，政府必须采取更为果断和严厉的措施加以抑制。

第四，贫富差距拉大带来的社会公平问题等等市场经济的必然结果在房地产业发展中得到集中体现，成为进行宏观调控的导火索。

改革开放以后，随着国家经济体制的根本转变，原有的平均主义的收入分配体制被以多劳多得为指导思想的新收入分配制度所代替。以此为基础，社会生产力得到了极大的释放，居民家庭生活水平得到显著提高，但不可否认的事实是，家庭收入差距也迅速拉大。

根据联合国公布的统计数据，1979年改革之初，我国反映财富分配状况的基尼系数为0.16，属于收入绝对平均；而跨入到2000年，基尼系数则达到0.40，正式步入收入差距较大国家的行列；到了2010年，基尼系数进一步上升到0.52，我国在财富分配体系上转而成为收入悬殊国家。该系数的统计和计算方式，尽管会由于各国国情不同存在误差，但在一定程度上反映了我国目前收入分配体系中贫富差距在不断拉大的现实情况。

从33年前的绝对平均主义到目前的贫富差距不断扩大，占国民主体的中低收入群体体验到的不仅仅是单纯的心理落差，更是现实生活中的实际感受。尤其在与生活密不可分的居住领域，中低收入群体可以直观感受到的是商品房价格的不断上涨，其上涨幅度和速度远远超过普通居民家庭收入的增长幅度和速度。尽管房地产价格的高速增长是受到了我国经济发展中的人口问题，快速城镇化，以及区域经济发展不平衡等诸多问题导致的住房需求增长，且各区域和城市的住房需求增长比例失衡等因素的内在驱动，但在百姓生活领域，他们更认同的是社会阶层的分化和贫富差距的拉大。由于中国人传统意识上存在的不患寡而患不均的意识，这种认知为我国的政治稳定、经济发展和社会和谐都埋下了潜在的危机，并对中国未来的社会、经济发展构成了极大的威胁，对中国社会发展的大局构成了影响。

从房地产宏观调控政策的内容构成中，也不难体会到上述含义。宏观调控政策的内容中，一方面政策是以抑制投资性购房需求，防止房价过快上涨为主要目的，另一方面是以构建保障性住房体系为中心。抑制投资性购房需求能够在一定程度上，利用现有的土地供应和住宅生产能力，解决更多家庭的居住需求，并相对缓解人口问题，快速城镇化，区域经济发展不平衡等产生的住房需求。而在“十二五”规划期间，完成3 600万套保障性住房建设，覆盖20%的城市居民，基本解决安居问题，则是在缓解可能由于贫富差距拉大产生的各种政治问题和其他社会不和谐因素。

第五，对房地产行业产生深远影响并最终导致进行宏观调控的另一个重要因素是通货膨胀问题。

作为经济高速发展的发展中国家，保持一定的通货膨胀率是安全的，同时也对经济发展有一定的刺激作用。但在近年来，通货膨胀逐步加剧，已经成为一个重要难题。从国家统计局公布的下列重要金融数据中不难看出，在短短的五年间，货币供应量成倍增长，至2011年末已经达到85.2万亿元，增长幅度高达111%；而在这五年间，国内生产总值(GDP)的增长幅度则是62.69%(表1)。货币供应增长速度远高于经济增长水平，是导致通货膨胀的根本原因。

在通货膨胀率居高不下，货币供应过剩的影响下，大量的资本涌入了房地产领域。一方面，由于我国目前的金融体系不够完善，可利用的金融工具和可投资的金融产品匮乏，绝大多数家庭对于金融领域投资缺少认识和缺乏经验。为减少通货膨胀带来的资产贬值和受传统投资观念影响，将大量的货币投入到了房地产行业。另一方面，由于房地产行业销售价格的不断上涨，投资收益率高，对于通货膨胀背景下的资本形成了较大的吸引力，导致投资购房需求旺盛。过剩的货币供应集中进入到房地产行业，并利用银行按揭形成的杠杆作用，又进一步推动了商品房销售价格的上涨，形成恶性循环，同时，导致其他需求资金的产业缺乏资金，比如，创新领域。最终导致限购、限贷等措施成为宏观调控中抑制房地产投资需求的政策主体。

综上所述，国家对房地产行业的宏观调控是我国经济发展过程中各种内生的深层次矛盾相互交织、共同作用的结果。我们必须清醒地认识到宏观调控政策有其一定的历史必然性和阶段性，也是现阶段党中央、国务院对于稳定大局，引导房地产行业长期、稳定、健康发展所采取的必不可少的措施。从长

2007~2011年度主要金融数据(万亿元人民币)　表1

序号	项目	2007年	2008年	2009年	2010年	2011年
1	广义货币供应量(M_2)	40.3	47.5	60.6	72.6	85.2
	增长比例(%)	16.70%	17.80%	27.70%	19.70%	13.60%
2	狭义货币供应量(M_1)	15.3	16.6	22.0	26.7	29.0
	增长比例(%)	21.10%	9.10%	32.40%	21.20%	7.90%
3	流通中现金(M0)	3.0	3.4	3.8	4.5	5.1
	增长比例(%)	12.20%	12.70%	11.80%	16.70%	13.80%
4	本外币各项存款余额	40.1	47.8	61.2	73.3	82.7
	增长比例(%)	15.20%	19.30%	27.70%	19.80%	13.50%
5	本外币各项贷款余额	27.8	32.0	42.6	50.9	58.2
	增长比例(%)	16.40%	17.90%	33.00%	19.70%	15.90%

远来看,宏观调控有利于产业结构的调整,有利于我国房地产业的健康发展。

对于房地产企业而言,房地产宏观调控政策带来了极大的挑战,给企业的经营带来了极大的风险,比如:市场客户急剧减少、成交量急剧下滑、产品价格下降、回报率降低甚至出现亏损、竞争对手甩货,形成恶性竞争、土地成本高企、土地资源素质差、信贷政策收紧企业融资十分困难、税收政策严苛企业经营艰难等等,这是房地产调控必然出现的结果。对此,作为房地产企业必须要有清醒的认识,必须正确理解政策,把握市场脉搏,在调控中寻求发展,在竞争中寻求突破,根据所处的行业现状和市场情况,制定正确的发展策略,引领企业快速发展:

首先,要高度认识到宏观调控的长久性,积极适应政策和市场的变化,根据政策和市场的节奏调整好企业的发展节奏。

房地产行业经历了十五年的高速发展,逐步开始进入规范、有序的发展阶段,这个行业的特点是大资金运作、高风险运作,如果对行业的发展方向出现了误判,将会对企业的发展造成致命的打击。比如,2007、2008年的顺驰企业的发展,对市场的发展缺乏理性的认识,在南京、北京、浙江等地高价拿地、攻城掠地,而企业内部缺乏严格的管理,导致管理混乱、资金回流十分缓慢,拖欠合作方资金、拖欠员工工资,最后,导致企业易主。再比如,本轮调控中受到影响很大的浙江企业绿城,对市场的发展盲目乐观,在市场高峰时期大量买进高价地块,在苏州、上海等通过在拍卖市场上大量购进土地,负债率高达150%,出现了严重的资不抵债,在2011年、2012年的市场调控中显得十分被动,不得不以出卖项目、出让公司股份等手段寻求企业生存下去的办法。类似这样的现象这十几年来层出不穷,屡见不鲜。所以,一个明智的企业一定要在市场高潮时卖楼、市场低潮时买地,方能使企业处于科学发展的阶段。

其次,根据市场形势,深入研究客群需求,围绕客户需求制定产品策略。

在宏观调控的政策引导下,市场的容量相对比较固定,研究客户的需求就显得十分重要。在调控时代,市场主力购房群体性质和需求类型已经出现了巨大变化。受限购、限贷等抑制投资性购房需求的政策影响,主力购房群体已经转变为以满足自住需求为主的人群。这就要求房地产企业在项目开发的定位阶段,就要更为充分和深入的研究自住性购房的人群特征和产品需求,满足客户在产品功能,社区配套,物业服务等多方面的诉求,甚至是由于主力客群定位所衍生出的尊贵感和认同感等心理感受。

这样的一个产品策略是基于在宏观调控政策背景下,市场需求被大幅缩减,销售压力增加,为提升房地产企业运营中的销售环节的效率,加快销售和资金回笼提出的。众所周知,商品房作为一种商品,其销售速度同样是由其购买价值所决定的,而其购买价值则由如下公式中的两个因素所决定:

购买价值=客户认同的价值-销售价格

在这个公式中,销售价格由房地产企业定价所得,其综合了开发成本、预期利润率、预期销售速度等因素,在客户认同价值一定的前提下,销售价格越低,购买价值越大,产品在市场上就越能较快地实现销售。对于开发企业而言,开发成本,尤其是与产品定位有关的建设成本,是在销售价格的制定过程中最为重要的因素。这就需要对目标客群的需求进行更为精准的研究,得到对于产品标准和成本更为准确的定位,在满足客户需求的同时,不盲目地在满足非主力需求方面增加产品造价,从而影响销售价格。比如定位于满足首次置业客群的住宅产品,这类客户通常资金有限,其关注度较高的是产品的使用功能和购买价格,这类产品就完全可以考虑在诸如精装修档次和费用上降低成本,为销售价格赢得空间。

客户认同的价值则更为复杂。一方面,不同客群主体对于相同产品所认同的价值不同。例如,对于一个子女年幼的家庭来说,一个带有较高质量的幼儿园配套或中学校配套是更有价值的;而对于一个子女已经成年的家庭而言,这个教育配套的价值对其而言则较低。另一方面,客户认同的价值还包含了客户所认同的心理价值。例如,对于高端物业的自住群体而言,项目主力购买人群的构成常常成为他们关注的重点,他们总是更希望居住在同一个社区的其他家庭,绝大多数是受过高等教育的,有体面工作的、高素质的家庭,而不单纯仅是有钱的投资客或暴发户。

上述两个例子告诉我们，只有对主力客群的需求进行深入细致的研究，才能在产品定位阶段和后期销售过程中更为有效地提升客户认同价值，从而进一步地提高商品房的购买价值。项目的购买价值越大，销售速度就会越快，企业面临的市场风险也会越小。

第三、更为广泛和深入地挖掘潜在购买需求和市场潜力。

本轮宏观调控政策对于商品房市场重点调控是销售环节领域，通过限购、限贷措施压低市场需求总量，从而使市场供应和市场需求趋于合理来抑制房地产价格的快速上涨。因此，对于房地产企业来说，更为广泛和深入地挖掘购买需求和市场潜力是经营销售环节的重要应对手段。挖掘市场需求也是同样围绕着认真细致的客群研究工作进行，并加以必要的营销手段创新。

首先，不同物业类型的客群获取销售信息的途径有较大差异，必须通过精准的客群分析，结合目标客群主要的获知信息渠道进行项目的宣传推广。例如高端物业的客户群体，他们大多数工作和生活比较繁忙，较少时间阅读报纸、网络等媒体形式，此类广告宣传的到达率低，效果不够显著。但同时，该类群体社会应酬和交往较多，对于房地产项目的信息获取较多的通过项目的老客户的口碑传播。因此，对于高端物业项目，要特别重视通过组织老客户的活动推广项目销售信息，鼓励他们在圈层中进行口碑营销。根据我们近期开盘的某高端别墅项目的客户获知信息渠道的统计，有接近60%的客户是通过朋友推荐而来。

其次，结合目标客群的特征，在宣传推广渠道方面进行有效的营销手段创新。目标客群作为一类特征较雷同的人群，往往在很多领域具有一定的共性，使不同行业间的跨界营销成为可能。例如，高端物业的潜在客户，由于资金雄厚，通常也是银行等金融类机构的贵宾客户，他们也经常会参与关于投资、理财、保险等方面的金融讲座。将相关讲座引进房地产销售现场，辅以房地产项目的推介活动，通过联合不同行业组织的跨界营销活动，往往也能收到较好的宣传效果。举一反三，营销手段的创新可以形式多样，与时俱进，但必须结合目标客群的特征形成有效的方式，避免为创新而创新。

第四，把握市场时机和销售节奏，果断行事，在竞争中夺取先机。

房地产行业是完全竞争类行业，从行业中主要开发企业的市场占有率比例即可见一斑。2011年全年国内商品房销售额59 119亿元人民币，而作为行业领军企业之一的中海地产集团全年销售额亦不过720亿元人民币，市场占有率仅为1.2%。在这样一个完全竞争的市场环境中，把握市场时机，在行业竞争中夺取先机，是在宏观调控背景下房地产企业生存和发展的硬道理。

市场时机的把握并非易事，是综合了市场竞争中整体市场时机，竞争对手的销售推广策略，自身项目特点和客群情况而进行整体考虑的决策。市场时机往往稍纵即逝，行事必须果断，关键时刻要敢于突破传统和追求创新。比如，在2011年市场调控中，我们抓住市场时机，加快项目发展，积极安排销售，准确地掌握了市场节奏，销售合约额突破100亿，利润突破20亿，成为北京房地产市场第一名。还有一个在北京开发的某高端别墅项目，在北方城市，受气候影响，冬季是传统的销售淡季，加上别墅项目的销售现场展示在冬季缺乏园林景观的形象展示，观感较不理想，无法在销售现场对客户进行体验式营销。受传统思维的影响，各别墅项目在冬季也较少进行宣传推广和销售活动。但我们于今年2月初就开始了相关宣传推广和销售工作，通过创新的冬季卖场包装方案，使别墅项目的冬季卖场环境大为改观，并赶在其他众多竞争项目销售前进行大范围的宣传推广和蓄客活动，在宣传真空期既吸引了大量的潜在客户，又降低了营销成本。项目于3月初成功开盘，开盘当日销售金额即达到10.5亿元。

综合分析，应对宏观调控策略方面的经验和体会，房地产企业在调控背景下的生存和发展，必须要严格遵循实事求是、理论联系实际的原则，通过细致的政策研究、市场研究、客户分析，用发展的眼光看待发展中的问题和市场变化，改革创新，锐意进取，才能使我们的企业在竞争中继续发展壮大，不断前进，保持科学发展的态势。

中投与淡马锡跨国投资案例对比分析

占 祺

(对外经济贸易大学国际经贸学院，北京 100029)

一、主权财富基金背景介绍

主权财富基金，是由主权国家政府设立，用于长期投资以达到主权财富的保值增值。主权财富基金主要来源于政府的税收与预算分配、自然资源出口收入和国际收支盈余等，一般由专门的政府投资机构进行管理。主权财富基金的设立最早可以追溯到1956年，但那时规模不大，近年来，随着国际油价的飙升和国际贸易的全球化，主权财富基金规模急剧膨胀，对其管理上升到一个前所未有的高度。

多年来的国际收支双顺差使得中国积累了巨额的外汇储备，同时，人民币面临的升值压力使得中国人民银行不得不为保持人民币汇率的稳定而采取公开市场操作，因此中国的外汇储备数量直线飙升。2007年9月29日，筹备半年多的中投正式挂牌成立，这是我国第一只严格意义上的主权财富基金。根据规定，我国中央银行不能直接对财政部负债，于是中投通过另一种途径获得了原始资本金。财政部面向农行发行面值为1.55万亿元的特别国债，央行通过公开市场操作从农行买入国债，财政部发行国债所筹集的资金全部用于向央行购买外汇储备，于是中投筹集到了2 000亿美元的注册资本金。中投公司董事会成员共11人，分别来自发改委、财政部、商务部、人民银行和外汇局等部委。从正式上市前大笔投资黑石集团，到后来的摩根士丹利，中投的投资成绩单似乎不太理想。

与之相比，作为世界上运营最为成功的主权财富基金之一，淡马锡一直以其独特的内外共同监督机制，政企分离的经营模式广受赞誉。成立于1974年的淡马锡控股有限责任公司，由新加坡财政部出资组建，以私人名义注册，是旨在经营和管理各类国联企业资本的控股公司。作为新加坡财政部的全资国有控股公司，其创建宗旨是：遵循并以投资来支持政府经济政策，关注、追求投资项目的回报率，代表政府投资于那些私营部门不愿投资的领域，从而维护新加坡经济的稳定发展。从参与中国国有商业银行上市到投资美林，淡马锡的投资策略显然比初出茅庐的中投更为成熟。

二、中投与淡马锡海外投资案例对比分析

(一)中投投资黑石IPO与淡马锡投资中国建行IPO

2007年5月，还处于筹建期的中投通过中国建银投资公司(中央汇金公司全资子公司)，斥资约30亿美元，以每股29.605美元的价格购买黑石1.01亿无投票权股票，比例接近黑石集团总股份的10%，并锁定持有期限为4年。2007年6月22日，黑石集团在纽约证券交易所上市，每股IPO价格为31美元。

上市首日，股价大涨13.1%，一度使中投账面盈利高达5.51亿美元。但之后黑石股价持续下跌，在2009年之前，市场价最低跌至5美元以下，虽然2009年以后股市有所回升，但31美元的发行价仍然使人望尘莫及。截至2012年7月25日，黑石的收盘价为13.91美元，与买入价29.605对比，中投投资的浮亏金额高达15.9亿美元。2008年10月，中投还耗资约2.5亿美元增持了黑石2.5%的股权。由于全球金融市场的反复振荡，中投发生投资损失，费用收入也不及往日，2012年7月20日，黑石集团发布的最新财报显示，第二季度业绩出现亏损。与上年同期8620万美元的净盈利和每股18美分的业绩相比，黑石第二季度净亏损7 500万美元，合每股14美分，远远没有达到FactSet调查的分析师对黑石平均每股盈利11美分的预期。

在中国金融行业改革的大好时机，淡马锡参与了中国四大国有商业银行之一——建设银行的首次公开发行。2005年6月24日，淡马锡与汇金公司所达成的协议中，淡马锡同意投资14亿美元以购买建行5.1%股份，同时，淡马锡承诺会在建行首次公开募股(IPO)时再投资10亿美元。7月4日，中国建设银行宣布，已经和淡马锡就战略投资达成了最终的协议，淡马锡旗下的全资子公司亚洲金融控股私人有限公司将会对建设银行进行股权投资。在建设银行计划的海外首次公开发行时，亚洲金融将以公开发行价格认购10亿美元的股份，并在政府批准的情况下，购买汇金公司持有的部分建设银行股份。至此，淡马锡投资建行总额将达到24亿美元，而在建行公开上市后，淡马锡前后两次出资，在建行总股权将达到7.5%。同时，双方就公司治理和董事派遣方面也达成共识，亚洲金融将推荐一名董事进入建行管理层，以协助建行运营管理。

从对投资目标的事前调查来看，中投对黑石集团的投资似乎略显草率。中投选择的美国黑石集团，是在资产管理和金融咨询领域领先的公司。从黑石集团财务报告上来看，截至2007年5月1日，它旗下管理了884亿美元的资产，年平均增长率也高达41.1%，这一个个鲜明的数据都代表着黑石拥有的长期发展潜力，这也成为了中投抢先入股黑石IPO的主要原因。然而，如果仔细研究黑石公司上市前公开披露的财务报告就会发现，黑石在2004~2005年度销售额增长率呈负数，而在上市前一年(2006年)销售额和净利润才开始大幅增加。而且，从黑石上市以来，其管理层薪酬和福利就呈现和销售额完全不成比例地方式增长，即便是在销售额仍为负值的情况下。2008年，黑石已经被美国律师事务所指控在IPO融资文件中存在两项隐瞒行为，因此，黑石的信用风险显著增加。2008年10月，中投居然还通过子公司继续增持黑石2.5%的股票，实在是让人跌破眼镜。和中投投资黑石集团相比，淡马锡选择了中国国有银行建行的原始股。建行的投资前景在上市前的新股发行定价过程中就已经被专业人士看好。当时建行的市净率处在1.8至2.0倍之间，远高于当时许多亚洲上市银行的市净率水平，与全球领先的商业银行如汇丰银行、花旗银行1.9至2倍的市净率相比也毫不逊色。而且，在中国建设银行发行前的市场调查中，建设银行重组改制的成效得到了国际投资者的普遍认可，同时，建行承销前路演第一周的反应也很热烈。在建行提高认购价后，仍获得了近10倍的国际超额认购。

从宏观环境来看，美国次贷危机从2006年春季已经开始逐步显现，在黑石上市前，美国抵押贷款风险已经开始浮出水面，汇丰控股为在美次级房贷业务增加了18亿美元坏账准备，然而，此时中投却大手笔进入美国股市。次贷危机带来的金融市场动荡、房地产萎缩及高油价等经济下行风险，无疑会给黑石旗下管理的大规模房地产投资基金带来损失。自2003年以来，中国的国有商业银行改革正在稳步进行，而作为第一个阶段性成果，第一家真正经历了市场洗礼的国有银行，建行的上市为中国的金融行业注入了新的活力，中国宏观经济稳步增长。踏上中国金融业改革的第一班车，淡马锡投资建行IPO，不得不佩服淡马锡的投资眼光。

从投资工具来说，中投选择了无投票权的优先股，而4年的锁定期更使风险暴露头寸增大。无投票权的优先股固然能保证优先分配权和求偿权，但其优先级排在债权之后。除非黑石破产清算，否则，中投则是以完全放弃对黑石的投票权和参与经营决策为代价来换取微薄的利息收入。实际上，黑石的《合伙章程》中提到，持有任何形式普通单位超过20%的个人都不能就企业的任何事务进行投票，并限制普通单位持有人召开会议。因此，黑石有限合伙企业的性质决定了即使中投拥有具有投票权的普通股，中投也仅有有限的投票权，无法向其他正常上市公司一样对董事会成员的任免和对企业运作建议的投票权。而且，股票市场如此动荡，即使几个月之内也能发生天翻地覆的变化，更何况当时正处于金融危机的萌芽期，4年的锁定期真的太长。与中投投资黑石不同，淡马锡选择了对建行具有投票权的股票，避免了投资的被动性，而且可以有效地参与建行的经营管理，虽然也有锁定期，但是像建行这样的大型国有商业银行，股价的稳定性显著高于私营企业，波动不会像其他上市公司那样频繁。

从投资目的来说，作为我国的主权财富基金，中投的当务之急就是要解决由巨额外汇储备所带来的国内流动性过剩，并以达到收益最大化为最佳。然而，仅在中投投资黑石集团4个月之后，黑石集团就投入6亿美元购买蓝星20%的股权，随后黑石又投入6亿美元给山东寿光物流园。因此，国内流动性辗转一圈又回到了国内。而淡马锡追求投资项目的回报率并以此来支持政府经济政策，实际上它也确实做到了。数据显示，到2007年底，淡马锡开始套现的时候，在建行的账面盈利达到了340亿港元。

因此，中投的这笔投资无论从流动性、安全性还是收益性上来说都是经不起推敲的。然而，如果选择了像美国国债那种稳定性与收益性兼具的投资工具应该更为安全。

(三)中投投资摩根士丹利与淡马锡投资美林

2007年12月19日，成立不到三个月的中投公司就大手笔投资美国摩根士丹利公司，掷资56亿美元购买大摩发行的一种到期强制转股债券，持有期限为二年零七个月，根据投资协议，大摩按季要支付9%的年息，债券到期后强制转换成摩根士丹利上市交易的股票，转股的参考价格区间为每股48.07~57.684美元，转换价格最高不超过参考价格的120%，股权单位全部转换后，中投公司持有摩根士丹利公司的股份最多不超过9.9%。2008年10月，日本三菱日联金融集团以每股25.25美元的转换价收购摩根的永久性非累积可转换优先股，价值约78亿美元，股息为10%。正因为三菱日联金融集团的入股，中投公司的股份曾被稀释至约7.68%。为了防止股权被稀释，2009年6月，中投再次对大摩出手，购买了大摩12亿美元的普通股，对大摩持股比例高达11.64%。截至2010年8月17日，中投购买的到期强制转股债券中，已有1.16亿股转换为拥有投票权的普通股，转股价格为每股48.07美元。按大摩该月的平均股价25.9美元粗略估算，中投账面亏损约9亿美元。2010年7月21日起，中投开始减持大摩普通股，至8月17日，已连续减持十次。

2007年12月，美林向淡马锡和戴维斯精选顾问公司共同定向增发1.17亿股新股。每股价格48美元，募集了约56亿美元。其中，淡马锡投资44亿美元，美林给予淡马锡买入价格较其股价14%的折扣。淡马锡可以出卖50%的股份，但不能在交易结束的一年里以直接或非直接的方式出卖、过户它的投资，持股比例不能超过10%。2008年3月28日之前，淡马锡有购买6亿美元美林普通股的选择权。淡马锡和戴维斯这两家公司，只有淡马锡与美林签订了防止亏损的附属条款。2008年7月28日，美林宣布再次筹资85亿美元。第一大股东新加坡淡马锡将购买其中34亿美元的股份。新发行的3.1亿普通股用美林7月25日的收盘价计，为每股27.52美元。与淡马锡入股价格相比，损失将近过半。因此，淡马锡根据协议获得了25亿美元赔偿，因此，为了购买这部分美林新股，淡马锡只需再付出9亿美元即可。

从投资时机来看，在中投投资之际，美国金融市场正处于系统性风险中，金融恐慌心理蔓延，摩根士丹利公司也处在金融危机的水深火热中，资金极度短缺，仅靠中投注资无法解决大摩面临的流动性短缺问题。而淡马锡注资美林时，美林在次贷危机的影响下净亏损也十分严重。这么看来，中投和淡马锡在次贷危机时投资眼光类似，都选中了美国市场。

从投资工具来说，中投向大摩购买的强制性可转换股权是极具风险的投资工具。强制性可转换股不同于可转股，可转股的是介于债券和股票之间的投资工具，因为可以选择在对投资者有利的价格转股。然而，虽然在持有强制性可转股期间可以获得利息，但是强制性可转换股在到期时必须进行转股，因此其面临着到期时股票市场价格低于转股价格的风险，中投公司可能会有很大的亏损。而在淡马锡与美林所签署的合同中，有一条“损失重设支付”明确规定，如果美林在完成招股后的一年内，以低于48美元即淡马锡的入股价格增发普通股，那么美林要向淡马锡赔偿全部差额，或者美林选择向淡马锡免费发行价值与差额相等的新股。淡马锡所获得的25亿美元赔偿正是基于当初签署的这一项选择性投资条款。美林当时之所以会同意附加这样的条款，也是急于获得融资的无奈之举，但对淡马锡等投资人来说，设计这样的条款降低投资风险却是高明不过的选择。

从投资结果来看，大摩经受住了金融危机，然而金融监管改革新法案的出台不仅对大摩的运营，也对中投的投资有实质性影响。根据新法案的规定，法案对业务范围的限制和严格的监管要求可能会影响摩根斯坦利集团的总收入。而对大摩持股高达11.64%的中投可能会面临着更为严格的监管。因此，金融监管改革法案正式生效的当天，中投就开始减持大摩。2010年7月21日起，中投公司开始减持摩根士丹利普通股，至8月17日，已连续十次减持，账面亏损已达1.22亿美元。虽然美林没能挺过金融危机，但美林成为了美联储700亿美元平准基金救市方案的对象之一，最终被美国银行以500亿美元收购，淡马锡因此获利近15亿美元。

虽然此次的投资淡马锡也有亏损，不能算作是投资成功。但是无论从投资对象的选择还是投资工具来说，淡马锡还是比中投更胜一筹。

三、经验和教训

从案例本身出发，我们可以看到，中投失败的投资案例不仅仅源于投资决策的失误，还因为中投公司无论是从设立、定位、治理机制还是投资战略方面都存在弱点，这些方面中投都需要向淡马锡学习。

(一)设立

中投是由国务院批准设立的国有企业，可是并没有通过全国人民代表大会的审议。对于中投来说，它的长期发展目标、资金来源以及公司治理结构等方面都缺少相关的法律条文明文规定。我们都知道，中投成立之初的资金来源于财政部发行的特别国债。但随着近年来中国资本项目管制渐渐放松，中国政府也很难继续为中投注资，中投的资金来源很难具有持续性。因此，人们更容易关注中投的短期盈利情况，而不是长期收益，因此在中投投资失利时，给中投造成了巨大的国内舆论压力，也使它难以继续以长期投资收益作为关注点。而淡马锡是依据《公司法》成立的私人企业，这就保证了它在参与市场经济活动时必须依法办事。淡马锡的初始资金来源于36家新加坡国联企业总额为3.54亿新元的股权，之后资金的来源主要是公司的日常运营和投资盈利。淡马锡在选择投资项目时都以是否盈利为标准，公司的运行独立于政府的产业政策或者其他行政目标。即便有时投资项目需要为政府行政目的服务，也需要保证以盈利性最大为前提，并且淡马锡也不会过多干涉下属公司的日常经营，它是真正的市场化运作的公司。

(二)定位

中投作为中国的主权财富基金，它的投资是以政府政策为导向?还是完全市场化的运作?这一直是学术界争论不休的话题。而中投购买无投票权的优先股，或是向东道国作出不会谋取对被投资公司经营权的承诺，都是中投迫于定位模糊所作出的无奈选择。而且，政治色彩浓厚的中投一直面临着东道国严格的金融监管。然而，作为新加坡两家主权财富基金之一的淡马锡，它也在试着淡化自己的行政色彩。2002年，淡马锡的公司章程是：政府通过淡马锡控股，需要持有并控制那些与新加坡安全、经济利益和公共政策目标利益攸关的公司。而在2009年，淡马锡将这句话替换为：淡马锡控股是一家投资公司，依据商业准则经营，将为利益相关者创造和输送可持续的长期价值。从公司章程的修订中可以看出，它在尝试对公司定位进行改变。

(三)治理结构

中投作为一家国有独资公司，董事会和党委会之间的权责分工并不明确，他们的职责在公司章程中并没有清晰地说明，公众并不了解他们各自的职能和分工。而且中投公司董事会和党委会的成员不完全相同，他们分别来自不同的部委，这样部委之间的利益分配将会主宰投资方向。而淡马锡作为由财政部出资的私人公司，它完全按照市场化的方式运作，与私营企业并没有多大区别。而且淡马锡大多采取外聘的方式招募专业的管理人员来运作基金，从而有效地弱化了与政府的关系。

(四)投资策略

中投下属全资子公司汇金公司负责对国有商业银行进行股权投资，而汇金旗下的建银投资作为一个综合性的不良资产处置公司，负责对问题券商的注资和改造，这两种投资属于典型的战略投资，而中投的海外投资子公司负责进行海外金融组合投资，中投同时兼顾着国内战略投资和海外组合投资的角色，因此，它所实施的混合型投资策略很容易让海外东道国带着有色眼镜看待中投的投资。而淡马锡倾向于将部分资产委托给国际知名投资机构运营，从而有效地规避了东道国的金融监管。而且在投资外包的过程中，可以不断向这些机构学习投资策略和运营方式，充实本土的投资经验。

对于中投，从对投资项目的事前调查、投资行业的选择，到投资工具的风险评估、对宏观环境的判断方面虽然还有许多需要学习的地方，但我们相信中投的投资之路会越走越顺利。

参考文献

[1]张光红，王坤，吴航.中国投资有限责任公司海外投资案例分析.改革与战略，2009，25(1).

[2]中投公司投资黑石集团“砸脚”投资态度趋于谨慎.中国与世界，2009.

[3]田田，郑厚俊.中投公司境外投资法律制度研究.华北电力大学学报(社会科学版)，2011(3).

[4]张明.主权财富基金与中投公司.经济社会体制比较，2008(2).

[5]刘丽靓.中国政法大学教授李曙光建议成立金融国资委理顺中投和汇金关系.证券日报，2011，A02版.

[6]雷锋太.对“跨越式发展”的辨证思考.企业家信息，2008(10).

[7]中投的外出来源难具持续性.21世纪经济报道，2012，02版.

[8]姜军，于长春.掏空——基于美国黑石集团的案例分析.北京国家会计学院.

[9]张继伟.谁葬送了华尔街.北京：中信出版社，2009：207-210.

[10]罗航.外汇储备与风险管理.武汉：武汉出版社，2009：248-250.

[11]张晖明，张亮亮.对国资职能和定位的再认识，东岳论丛，2010，31(4).

[12]Lyons，Gerald，2007. “State Capitalism：The Rise of Sovereign Wealth Fund.”Thought Leadership.Standard Chartered，15 October.

[13]张成钧.国有企业监事培训教程.上海：上海远东出版社，2001：1-4.

[14]李小贺.“淡马锡模式”对我国国有企业改革的启示.河南教育学院学报(哲学社会科学版)，2009(2).

跨国并购与文化整合案例分析

李昀桦

(对外经济贸易大学，北京 100029)

并购后的文化整合是企业并购面临的重大挑战,其成功与否是决定并购成败的关键因素。

一、文化差异

世界各地学者关于文化的定义众说纷纭。其中,跨文化研究领域的权威学者 Hofstede 对文化是这样定义的:文化不是一种个体特征,而是一种具有相同教育和生活经验的群体所共有的心理程序。他于 20 世纪 70 年代从四个维度剖析各国的文化差别:

个体主义与集体主义

个体主义是一种松散的社会组织,强调个体,重视自身利益与价值,典型的代表是美国文化;而集体主义强调共同利益、合作依赖,是一种紧密的社会组织。在这个社会中,人们期望获得群体内的照顾,比如中国。

权力距离

指一个社会群体对权力不均衡分配的接受程度,即权力的集中程度。在权力距离较小的文化中,管理层与员工的地位更为平等,如美国;相较之而言,中国的权力距离则更大。

不确定性规避

指社会群体对未来不确定性感到威胁的程度。在不确定性规避高的社会中,人们期望通过建立制度以规避异常,人们往往具有紧迫感,如日本;相反,美国的不确定性规避则较低,他们更倾向于自由、冒险的生活。

男性化和女性化

在男性化的社会中,人们崇尚进取,追求权利,而较少关心他人与生活质量,如美国;在女性化的社会中,人们则更注重情感与需求,追求社会和谐,如中国。

跨国并购中的文化差异即来源于国家层面,也来源于企业层面,而企业文化又受到所在国家文化的影响。对于年轻的中国企业,企业文化的定位还往往与企业家的信仰存在着密切的关系。因而,中西方文化差异本身就为中国企业的海外并购增添了巨大的风险。

根据文化层次理论,企业文化既包括隐形层面的精神文化,如企业精神、信仰、价值观;也包括显性层面的物质文化、行为文化以及制度文化,它们是企业精神文化的外在表现。相应地,在文化整合的过程中存在对应的文化冲突。

二、联想并购IBM PC业务案例分析

2004 年,联想集团斥资 17.5 亿美元完成了对 IBM 全球个人电脑业务的并购,并购内容包括IBM在全球的台式和笔记本电脑领域的全部业务。并购后,联想只用了半年时间,就将原 IBM 的 PC 业务扭亏为盈。然而,在进一步的整合过程中,中西方地域文化的碰撞不可避免地带来了并购过程中的文化冲突。

(一)物质文化整合

物质文化是企业文化的显性层面,其包括企业的符号、产品、服务、技术以及生产坏境、生活设施、文化设施等。物质文化整合在文化整合中最容易实现,员工也相对容易接受新的物质文化。

根据并购协议,联想获得IBM在个人电脑领域的全部知识产权,遍布全球160多个国家的销售网络、一万名员工以及IBM和THINK品牌五年的使用权。并且,联想承诺IBM转到新联想的员工不会被裁掉,现任总裁以及管理层不会发生变化,员工也会保持原有岗位。不仅如此,联想将总部转移到了美国纽约。在并购初期,由于IBM拥有相对强势的文化地位,联想选择了最大限度地保持了IBM原有的物质文化,同时,自身主动学习吸收IBM先进技术与管理经验,这种引进学习的整合模式逐渐消除被并购企业对中方企业的排斥,让联想顺利地度过并购的初期阶段,避免了因环境变化而导致的美国员工的大批流失。

(二)行为文化整合

企业的行为文化是指企业员工在企业经营、教育宣传、人际关系活动、文娱体育活动以及人员管理中产生的文化现象。

植根于美国的IBM拥有传统美国文化——个体主义,公司文化注重个体、尊重个体,比较民主,员工在工作中的授权比较大,具有参与意识。因而在公司里形成空谈无益、运用策略、采取行动、切实执行、衡量效果、总是奖赏的氛围[3]。此外,IBM各级别的管理人员永远在公司员工中挑选,避免由于空缺职位由外来人员担任而打击员工积极性。相反,来自中国的联想则提倡集体主义,强调个人奉献与个人融入,把个人追求放在企业发展目标之中。与IBM相比,联想内部组织更为层级化,有较高的权力距离,员工对企业文化的认同度较低。因而在收购之初,柳传志曾表示:“我们不像韩国人收购公司后就马上派人到国外去直接管理,我们还是维持原来的状况。在管理层面上现在是谁做得好就由谁来做,谁做得合适就由谁来做。”并且,联想不仅把美国作为总部所在地,还引入大量非中国人作为董事会成员以及公司高管。这种策略在一定程度上稳定了美国人才队伍。

初入美国的联想更多地是抱着学习的态度,采用“联想”“ThinkPad”双品牌并行、高端商务市场与普通消费市场并重的战术,平稳地度过了最初的整合时期。然而,联想于2009年初进行人事调整后,大量启用了中国团队经营海外市场,导致很多外国员工离职,反映出联想内部仍然存在中西方文化冲突的事实。2009年2月,柳传志再次出山,出任联想集团董事局主席,负责并购整合,力图构建真正融合的国际企业文化。原IBM PC业务的亏损说明其企业文化在一定程度上已不能支撑其业务的发展。因而在这个阶段,联想应当积极地评估并购双方企业原文化的优劣,吸收彼此优质文化,进入新文化的适应阶段。

(三)制度文化整合

企业的制度文化包括企业的法规、经营管理制度和管理制度。对制度的变动涉及个人和团体利益的调整,因此要考虑各方利益,谨慎调整。

由于联想与IBM薪酬激励体系差异巨大,因而在新联想的国际化进程中,构建与国际接轨的薪酬制度成为整合的重点。IBM采用的是美国标准薪酬,待遇优厚,重激励不重惩罚,有成熟的薪酬激励体系。在IBM员工的薪酬中,固定薪酬比例较高,其中也有可变薪酬和长期的激励方式。相较而言,联想员工的工资标准虽然是国内一流,但仍远低于IBM。联想既重视激励也重视惩罚,强调对管理人员的认股权和长期激励。联想员工的固定薪酬不高,但绩效奖金和年终奖金占有较大比重。如果简单地取消原IBM员工的工资福利制度,则很有可能导致人员的大批流失;但如若继续实行两套薪酬制度则会引起联想员工的不满,统一实行IBM薪酬体系在短期又会带来营业成本的大幅上升。如何缩短薪酬的两极分化而不造成海外员工的流失是联想面临的重要挑战。

联想并购IBM PC业务后,对国内员工的基本薪筹和福利做出调整,比如增加年金、养老金、补充医疗保险;而保持国际员工的基薪不变,但在激励制度上更兼顾挑战性的可实现性。然而,实现联想员工薪酬制度的国际化进程任重道远。联想需要建立新的薪酬方案，并引导现存的两套工资体系向新方案平稳过渡，实现所有员工的薪酬一体化。联想集团主管人力资源的副总裁乔健透露，联想薪酬调整的方向是，在原联想薪酬体系上，增加固定工资比例，降低可变薪酬比例；在原IBM工资的体系上，降低固定工资比例，增加可变工资比例。同时，逐步上调联想员工整体收入[4]。

在过渡过程中，联想十分重视与员工的沟通，尽量让其了解薪酬调整的方案与细节，明确其任务与薪酬如何挂钩。充分的交流是人力资源整合、尤其是薪酬整合过程中至关重要的环节。在整合中，员工可能会对企业新的人事、新的战略感到怀疑与焦虑。在这种情况下，及时地将企业新的理念与新的规划传达给企业每一个员工并得到有效的反馈，无疑将有助于消除员工的不安情绪。如果企业管理层与员工之间存在信息的不对称，则企业的文化融合之路极易受到偏见、流言的重重阻挠。

(四)精神文化整合

企业的精神文化是指导企业开展生产经营活动的各种经营理念、价值观念以及社会责任感，是以企业精神为核心的价值体系。只有企业核心的精神文化达到一致才能实现并购的核心价值。

IBM出生美国，历史悠久，对本企业文化有相当高的认同度；与之相比，联想集团则是一个企业文化发展还不完善的年轻企业，因而联想文化对IBM缺乏吸引力。由柳传志与杨元庆领导的联想高层团队是一个善于学习的团队，他们更愿意向IBM学习。因此在并购初的磨合阶段，联想坦诚地表示向IBM优质文化学习，在许多方面做出让步，同时建立了文化沟通小组，提出“坦诚、尊重、妥协”的沟通融合六字方针。2006年，杨元庆指示必须开展形式多样的内部活动，促使员工对中西方文化有更深入的相互了解。2008年柳传志再次出山，坚决地进行企业文化融合，提出新联想的企业价值：说到做到，尽心尽力。通过两种文化的融合，结合双方各自的优势，互相弥补，新联想走上了企业价值的创新之路，促进新的文化形成，即“成就客户”“创业创新”“精准求实”“诚信正直”的核心价值观[5]。

文化融合不是一朝一夕的过程，是双方企业互相适应、相互作用的结果。联想，作为中国民营企业的先驱，为中国企业海外并购的文化整合之路提供了值得借鉴的经验。

参考文献

[1]顾卫平，薛求知.论跨国并购中的文化整合[J].外国经济与管理，2004，(4)：2-7.

[2]黄昶生，王言枭.中国企业海外并购的风险与对策研究[J].理论探讨，2011，(5)：90-93.

[3] 旭东.IBM通透的绩效管理文化 [J]. 首席财务官.2005，(11).

[4]张一君.联想集团的薪酬国际化道路[EB/OL].(2011-02-17) [2010-04-04].http：//www.cs360.cn/news/xinchoucaiwu/11901/index_2.html.

[5]唐炎钊，唐蓉.中国企业跨国并购文化整合模式多案例研究[J].管理案例研究与评论，2010，(3)：225-235.

[6]匿名.联想并购IBM PC：变革还在继续[EB/OL].(2009-09-03) [2010-04-04].http://wenku.baidu.com/view/92bbf90fbb68a98271fefa48.html?from=related&hasrec=1.

从抽象到具象

——以深圳航海运动学校为例记项目总平面的形成

郑爱龙，白红卫

(中国建筑设计研究院，北京 100044)

摘 要：本文通过对深圳航海运动学校的设计思考，探讨了山地设计中总平面布局的一些思路和设计方法。

关键词：总平面，竖向设计，山地，航海运动学校

第26届世界大学生运动会帆板比赛，从深圳最美丽的海滩之一的桔钓沙扬帆起航。作为大运会帆板比赛场地——海上运动基地暨航海运动学校已经经历了赛时的考验，今后，这里将作为东部滨海文化体育设施，成为深圳的滨海一景，将为促进东部滨海旅游度假和体育文化的发展贡献自己的力量。笔者作为总图专业设计师有幸参与了这一项目，承担总图设计工作，今天仅以比较有特点的航海运动学校为例，回顾总平面的设计过程及体会，与同行分享。

一、项目概况

海上运动基地暨航海运动学校位于深圳市大鹏半岛东部、龙岗区南澳街桔钓沙片区桔钓沙的海岸线上，分为深圳海上运动基地(A地块)、航海运动学校(E地块)，隔市政路新东路南北毗邻。海上运动基地(A地块)直接临海，主要建设为满足帆板比赛要求的水域、陆域设施及主要的大运会水上比赛配套建筑，赛时为第26届世界大学生运动会帆板比赛场地，赛后为深圳市海上运动中心；航海运动学校(E地块)主要建设为深圳市航海运动学校，赛时作为大运会海上运动项目专用的运动员分村。

二、基地现状

航海运动学校位于七娘山北麓，隔新东路与浪骑游艇俱乐部相望，南面为大面积山林，东西两侧为丘陵山地，除3栋村民住宅外，基地内无固定建筑物，基地内既有半环形土路一条。用地东西长约265m，南北长约209m，用地面积4.4hm²，呈不规则六边形。用地规划性质为教育科研用地，原始地貌主要为残丘坡地，局部地段属海相沉积阶地，岩土层分为人工填土层、第四系海相沉积层、残积层及侏罗系基岩层。基地地形起伏较大，西南高东北低，最大高差达45m，部分地段植被已被破坏。地形地貌见图1、图2。

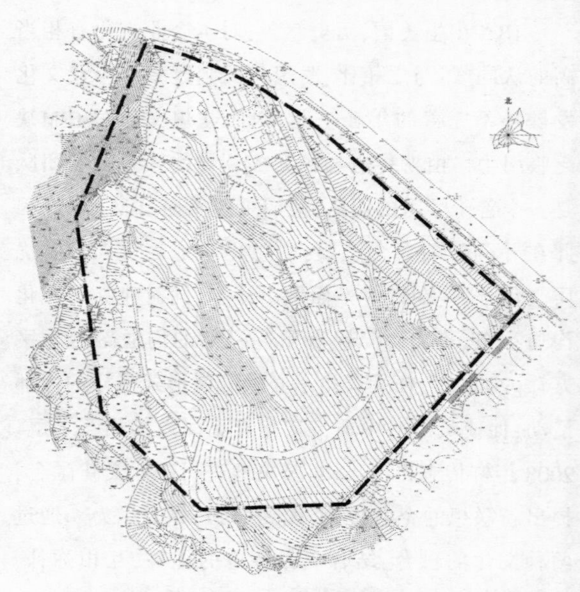

图1 基地现状图

图2 地貌实拍

三、解读基地，合理布局

面对高差45m、平均坡度35%、自然条件复杂的地块，如何充分利用既有的景观资源，减少人为破坏？如何最大限度地保护原有山体形态和地段自然特征，达到天人合一？如何布置单体建筑，使其与环境协调自然？成为总平面设计中首当其冲的考量。

经过分析思考，逐步确定以下本工程设计的基本原则：

(1)落实科学发展观，最大限度地保持和利用现有湖渠、微地形起伏等现状地形条件，尽量保留原有道路的高差体系，充分尊重用地依山傍海的自然环境条件。

(2)从环保、经济的角度出发，做到因地制宜，采用可靠的技术措施，尽可能减少土石方工程量，减少对山体的破坏。

(3)创造优美协调的外部环境。基地面海，自然景观环境优越，建筑的整体布局应顺应地势起伏，充分体现山地建筑的灵活性与沿海建筑的动态性，营造多层次、丰富的外部环境，使整个建筑群有机地融入自然环境之中。

依照以上原则，根据现场踏勘情况，结合地形图、岩土勘察报告及地质、水文、气象等相关资料，在满足招生规模300人的体育中专学校，并承担专业运动队训练、国家队集训接待、航海运动研究接待功能的要求下，总平面规划以现有道路为基础，尽量保留原有道路的高差体系，以减少土方量，由外及内布置教学区(E1#、2#行政楼及教学楼)、训练区(E6#、E7#及各类运动场地)和生活区(E3#~E5#、E8#及E9#楼)。根据建筑功能特点，将教学区建筑临近城市主界面布置，紧邻新东路，使其对校区内部生活的干扰降至最小；将生活区建筑首尾相连、沿用地红线形成的弧线布置于场地西侧，创造一个安静优美的生活环境；训练区置于用地腹部，结合地形构成校区重要的通风、日照廊道，为校区最大限度地争取优质的景观资源。各区通过南北贯通的架空连廊紧密联系。如此确定功能分区，场地内部自然形成一条环形主路，路幅宽度7.5m，单侧设置1.5m人行道。基地主要出入口设置于教学区西侧，次要出入口沿西侧用地红线布置。

总平面布置见图3。

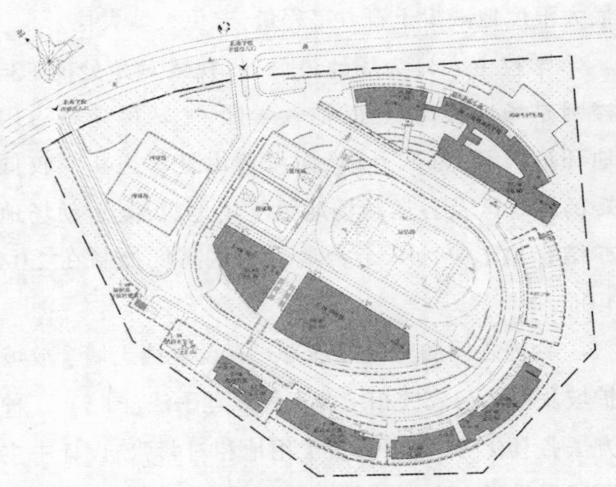
图3 航海运动学校总平面图

四、确定竖向，落实方案

此布局方案获得了业主的首肯，同时也给我们带来更多的挑战。山地设计中，设计师一般遵循“小、散、隐”的原则，减小建筑体量，将建筑化整为零，尽量沿等高线分散布置于场地中，这样能减少建筑单体设计难度，将建筑对场地的影响降至最小。而航海运动学校各区建筑体量均较大，为营造围合姿态，建筑布置跨越了数条等高线，增大了场地竖向处理的难度。

经过反复推敲，本工程竖向布置方式采用台地式设计(图4)。结合现状地形，在满足道路坡度要求的基础上，进行竖向分区，利用不同的自然地形设计

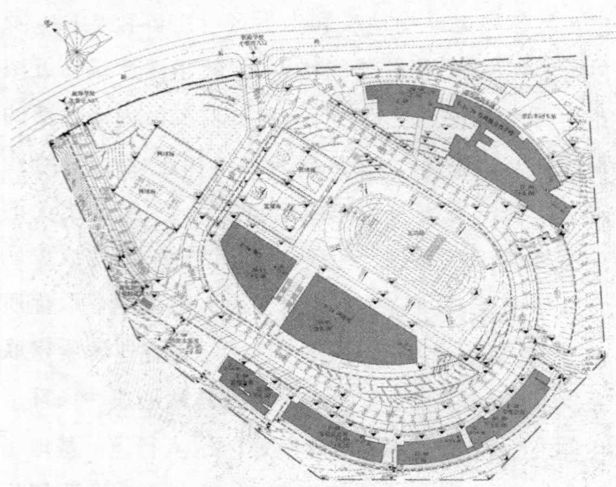

图4　航海运动学校竖向布置图

台地，将各部分建筑分别置于不同标高的台地上，最大限度地减少土石方工程量，避免大填大挖。

学校主入口为场地最低处，视线对角处的E3#楼则是场地最高点，其他教学区、生活区建筑沿用地环形展开，依次升高，面海背山呈环抱状。较低矮的训练区及各运动场地置于用地腹部，运动场地亦结合地形分为几个台地，台地高度控制在2.0~4.0m。

台地之间的竖向处理方式有设置挡土墙、放坡护坡及挡墙与放坡相结合三种处理手法(图5)。三种方法各具优势，本工程由于用地相对紧张，设计中主要通过设置高度不等的挡土墙、局部地段挡墙与放坡相结合的方式处理，使竖向设计方案更趋合理。在

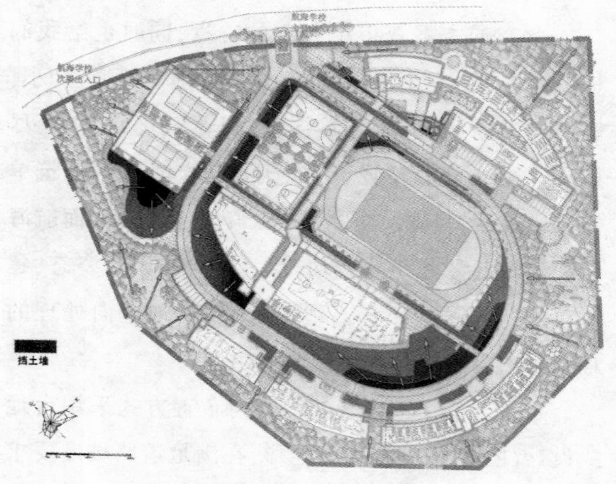

图5　挡土墙布置图

挡墙墙趾，结合每栋建筑周边环境设置排水沟。

建筑设计亦采用错层、跃层、跌落、架空、组合、连接等多种方式，灵活处理不同的地形要求；在室内则采用台阶、坡道，使部分高差消化在室内，使得各单体建筑与地形条件有机结合，错落有致，相得益彰，既强调建筑节点的功能性，同时又有机地融入自然景观之中。如教学区建筑处于陡坡上，设计采用错层布局，通过底层架空、形体错落、围合露天庭院等手法将绿化逐步引导至校园内部，形成错落有致的休闲空间，强调其安定性与随意性，创造出师生学习、交流的理想场所。E3#、E4#、E5#楼置于不同高度的台地上，室内地坪标高分别为46.00m、44.00m、42.00m，在各栋楼前用台阶和坡道使其连为一体，凸显了整体感。

至此，航海运动学校总平面基本形成，建筑以山体为中心环绕布局，形成动静分离，疏密有致，内外有别又相互渗透的空间结构。规划布局整体围合，场地内的建筑均依山就势，较高的地势保证了所有建筑均能有良好的视野景观，形成了完整的坐山观海、海天一色意向，有着完整的空间效果、挺拔的气势和较高的标志性。整个建筑群组与自然完美地融合为一体，形成了一个富有韵律的有机生态群。

五、综合治理，确保安全

根据勘察结果，场地内未见溶(土)洞、滑坡、泥石流等不良地质作用；根据区域地质资料，场地及其周边未见全新活动的断裂构造及其他不良地质作用，场地稳定性较好，适宜建筑。但由于新东路路面标高较之基地现状地面低得太多，尽管建筑尽量顺应场地等高线布置，尽管竖向设计中采用极限坡度9.0%来控制道路纵坡，尽管台地之间大多通过设置挡土墙来解决高差，仍使得基地设计标高普遍低于自然标高，即场地存在很大的挖方，基地与周边山体形成较大高差，山体开挖会形成最高达22m的高切坡。切坡高度较大，在天然状态下安全储备低，在强降雨作用下切坡处于失稳状态。另外，由于航海运动学校建设场地三面环山、地处山脚之下这一特殊地

图6 航海运动学校效果图

图7 航海运动学校实景图

理位置，加之深圳雨量大，在雨季，山上泻下的洪水会对场地构成威胁。岩土边坡如何处理、山洪如何防治使基地的安全性得以保障成为摆在我们面前的又一难题。此题不解，所定布局就成了一纸空谈，根本无法实现。

根据场地情况，综合考虑技术成熟、施工可行、安全可靠和经济合理等因素，岩土支护及防排洪专业确定本地块综合治理措施：①分级削坡，锚拉格构梁加固坡体，格构间坡面进行喷混植草绿化，在坡顶、坡脚及平台上设置截(排)水沟，使地表水有序排放。②与设计同期考虑防排洪设计。沿建设场地用地外山坡上合理设置一道1.5m×2.0m的截洪沟，并沿西侧及南侧红线设置一道0.8m×1m的生态截洪沟，洪水被截洪沟拦截之后，进入场地东侧城市区域排洪沟，最终排向大海。山上为国有林区，故该道截洪沟还起阻挡山火的作用。

航海运动学校效果图见图6，航海运动学校实景见图7。

六、体会及展望

海上运动基地暨航海运动学校已投入正常使用，该设计得到了委托方的认可，受到了使用单位的好评，本人也从该项目中积累了山地项目设计的经验和体会。设计就是将头脑中抽象、模糊的想法，经过仔细推敲研究，用图纸、说明等工程语言将其具象的过程。诚然，项目总平面的确定还有很多其他因素需要考虑，如市政管线及场地管线情况、工程土石方量等，本文如能抛砖引玉，引起大家的一点思考，我愿足矣。

山地项目由于地形起伏较大，地质条件复杂，道路非直线系数大，因此对于总图设计来说，难度系数比一般平地增大很多。由于我国是山地多、人口多的国度，为了更合理地开发利用土地资源，在未来，山地开发必将越来越多。在实践当中，总图、建筑、景观等专业要共同介入，全面考虑，多方案比较论证，才能将山地建筑与环境有机融合起来，达到预期的完美效果，成为不留遗憾的设计作品。

用铁军精神筑起的钢铁巨塔

——奥林匹克公园瞭望塔工程建设纪实

祖 戈

(北京建工集团，北京 100055)

近两年来到北京奥林匹克公园游览的游客们在走到奥林匹克森林公园南门时，一定都会对那里正在施工的奥林匹克公园瞭望塔工程投去关注的目光。如今，这座地标式的高塔已经完成了整体结构的施工，高耸的塔体在周围一片平旷的奥林匹克公园园区中笔直矗立，距离越远，视觉冲击力反倒越强。在7月26日，这项北京市重点工程举行了隆重的结构封顶仪式，北京市副市长陈刚亲临现场并下达封顶令，看着瞭望塔的最后一根钢梁被缓缓吊上246.8米的高空，陈刚在现场的即席讲话中十分欣喜地三度提到施工单位北京建工，高度称赞北京建工是“召之即来，来之能战，战之能胜”的“王牌军”。“这是多么的了不起啊，”陈刚动情地讲道：“市委、市政府领导和全市人民都为你们感到骄傲和自豪！”事实上，这座被视为中国大陆首座高耸柔性钢结构建筑成功矗立于奥林匹克公园，正是负责工程施工的北京建工集团总承包部的项目管理团队迎难而上，高扬北京建工的铁军精神，以高度的责任感、勇气和智慧筑造精品工程带来的必然结果。

迎难而上　年轻团队攻克技术难关

在总承包部第四工程经理部奥林匹克瞭望塔项目部里，三十出头的总工徐德林领衔这项工程的技术攻坚团队，他的团队也大都是一批平均年龄三十上下的“娃娃兵”，谈到这项工程的技术攻坚时，徐德林坦言，拿到图纸的那一刻，他就立刻感觉到了工程的难度非比寻常。

奥林匹克瞭望塔工程是中国建筑设计院设计大师崔恺近年设计中的经典作品，用大师自己的话说，这项作品蕴含着“自然”和“生命”的意象，体现着“本土化”的设计理念，但前沿的设计理念对于负责施工的项目部技术团队而言，更多意味着超高的技术难度：工程的基座大厅为钢筋混凝土拱梁加双向网格梁结构，夹层采用较小柱网的混凝土框架结构。塔身由外层筒壳与核心框筒组成，外层筒壳由钢管混凝土圆柱、工字钢梁和型钢柱间支撑组成。塔顶的楼层、层顶由外层树枝状结构与内框筒支撑。枝状结构采用空间扭曲箱形构件，结构极度复杂，光是基础底板标高就高达几十种，构件异形多且层高较高，很多的分项工程在技术方面属于“前无古人”、无既往经验可循的情况。严峻的技术攻坚任务就这样沉甸甸地压在了年轻的技术管理团队肩头。

异形结构，图纸先行，放样建模成为项目部技术部门首当其冲需要解决的难题。为此，徐德林和他的技术团队一头钻进了3D建模软件堆里，随后，年轻团队的优势逐渐显现了出来，3D建模放样技术开始在工程的复杂节点和异形构件施工过程中得到普遍的应用，一段时间下来，项目管理人员中诞生了一批精通多种建模软件的技术能手，从此在与设计单位讨论设计方案时，项目部的年轻人表现得有理有据、娓娓道来，丝毫不落下风。

施工工艺技术的创新对于瞭望塔来说与其说是创优创奖的机遇，不如说是应对超高难度施工的必然要求，为此，瞭望塔项目吹响了全面技术攻坚的号角：钢筋锚固端新技术解决了一些节点钢筋密集带来的施工困境；新的水泥基渗透结晶防水涂料逆作

工艺阻止了基础施工中一度喷涌不止的地下水对工程的威胁;C80、C70高强自密实混凝土的应用经验随着钢管混凝土塔身的增高而不断增强,为整个集团范围内高强混凝土的应用带来了宝贵的实践经验;在结构施工阶段,塔冠吊装单元地面拼装、外附着式动臂塔吊穿过塔冠分单元整体安装的施工技术,都是集团在施工程中前所未有的施工技术尝试,也是最终通过这些技术,我们看到了稳稳安装在246米塔顶部的塔冠。

“建楼育人”是北京建工的企业宗旨,瞭望塔工程项目经理焦勇提到这批勇于创新、敢于担当的年轻人,话语中洋溢着自豪:“我为他们感到幸运,能在这样的重点工程中加速成长,也为他们的成长和进步感到自豪!”在他看来,这些二三十岁的青年人,心气儿很足,干起工作来的态度令人印象深刻。例如图纸跟踪和沟通是一项庞杂细碎而又考验人的工作,在去年“十一”国庆放假前,项目的施工进展到了关键的节点部位,劳务队伍也处在施工的高峰阶段,一些事宜必须马上和设计单位沟通,而设计单位“十一”期间放长假。事不宜迟,进行图纸跟踪的项目部技术部长付雅娣抱着图纸,扎在了设计单位,到处沟通讲解,与设计单位订立方案,一直工作到深夜十二点,终于在设计单位“十一”放假前成功敲定了所有的施工方案。青年员工的志气和昂扬向上的风貌,体现着一个企业优秀的企业文化,塑造着卓越的团队精神,也只有拥有这种精神的团队,才最终得以担起这246米高的巨塔。

巧施排布　土建钢构配合交叉作业

瞭望塔工程分为塔座大厅,塔身和塔冠三部分,其中塔座大厅为多重标高土建结构,耸入云天的塔身和塔冠主体为钢结构安装工程,异形的钢构件和复杂的土建结构让本就考验现场施工管理水平的不同工种交叉作业难度凸显,正所谓“牵一发而动全身”,与技术攻坚的一往无前、持续推进不同,这种“螺蛳壳里做道场”式的现场生产管理需要的是极端细致周密地制订近、中、远期的生产计划,及时开展跨部门沟通协作,长期、持续地有效把控、协调各部门、各分包单位的工作,因此与技术攻坚领域的“娃娃兵”形成对比,瞭望塔工程的现场管理由年过半百的生产经理孙连学“老将坐镇”,确保生产工作的持续推进。

随着塔身的钢结构越起越高,现场施工排布的难度越来越大,同时,工程受气候条件的影响也越来越显著,在地面上仅能吹起刀旗的风,在百米高的施工作业面上就足以吹得人几乎无法站立,至于雨雪雷电天气之下更是完全无法施工,天气无常,但是瞭望塔工程的特殊性要求现场的项目管理者必须要把天气变化全盘掌握,因为这涉及到施工生产的一系列工序和排布问题。一旦出现因雨、雪、风等极端天气造成的停工,项目部就立刻做好安排,把劳务班组分成两队,一旦天气晴好,立刻抓紧有利时机,密之又密地排布工期,加班加点两班倒,歇人不歇工,昼夜奋战,尽最大可能在保证质量和安全的前提下抢赶工期,确保进度不掉队。在抢工最紧张的时候,整个工地上灯火通明,项目部的管理人员几乎扎在了现场，年过半百的生产经理孙连学更是在偌大的施工现场满场飞奔,爬架子,上结构,身手矫健一如年轻小伙一般,他头顶安全帽、手拿步话机的形象更是成为了这个工地上的经典记忆。

瞭望塔的塔身部分作为钢结构工程启用了动臂塔吊进行吊装,土建部分随之在南北两侧留出了空间和通道,供土建钢结构交叉作业使用,钢结构部分没封顶,土建部分也就无法全面封顶,交叉作业涉及两个专业的协作施工,交互错杂,盘根错节的问题每天每时每刻都会出现,解决问题则别无它途,唯有认真细致,脚踏实地,科学布局,合理规划,但要把这些道理和原则运用到实际现场管理的工作中,要遭遇多大的困难,承受什么样的压力,恐怕只有孙连学本人和集团上下像他一样在现场摸爬滚打的生产经理心里最清楚了。我们所能看到的是,7月26日的结构封顶仪式上,看着最后一根钢梁起吊升空,孙连学打心眼里笑了,问及此刻的心情,他却说得轻描淡写:“没白忙活呗。”在他看来,挑战仍在继续,只要工程仍在进行,他就必须要继续扎在现场,一刻不懈怠。

严把安全 创造高耸建筑“零伤亡”奇迹

今年初夏，一支在国家会议中心出席“京交会”的非洲国家代表团来到瞭望塔工地参访，望着已经开始吊装塔冠的百米巨塔，代表团中有人问修建这样高的建筑，到目前为止工人的伤亡情况如何。当项目部人员告之工程开工以来参建各单位劳务及管理人员伤亡为“零”时，来自非洲的友人都惊诧地瞪大了眼睛。完备的安全管理为瞭望塔工程赢取了国际声誉，当然也是工程管理方面的亮点。

超高建筑施工过程中的安全防护是一项世界级的施工安全管理课题，瞭望塔作为集团公司今年承揽的罕见的高耸结构建筑，项目部在安全管理上责任重大。瞭望塔工程自开工伊始就坚持了一整套安全管理标准化的理念，项目部副经理郭峰是这个工程安全管理工作的专责管理人员，在他看来，安全工作容不得马虎，唯有不打折扣地认真执行每一项标准，才能防患于未然，杜绝一切可能出现的安全事故，在这其中，劳务人员的入场教育是决定性的基础。

瞭望塔工程自开工后采取了多项措施严格落实安全知识的宣传教育，在瞭望塔工程，项目部实行了严格的门禁和住宿制度，并直接与入场安全教育挂钩，这意味着如果一个工人没有接受入场安全教育，则该工人将不仅不能随意出入现场，甚至连宿舍床铺都不予分配，强制教育让工人的受教育率达到100%。每逢复工前，只要有新的工人进场，项目部就一定会为新进场工人进行被称为“加餐”的入场安全补课，针对不同专业不同工种，项目部还有的放矢，安排了各种专项培训。每逢安全月、消防平安1号行动、119消防宣传日等特殊时间，会同建设单位和相关执法部门共同在工地举办主题宣传活动，参加人员共计1 000人次，制作条幅20多条，文化衫1 000件，颁发奖品价值5 000元，一系列宣传活动确保了安全意识在每个工人那里入脑入心。进入瞭望塔工程，放眼望去，繁忙的施工劳动中，所有的工人都是“全副武装”，很难发现任何一项违规违章行为。

加强对基层劳务人员宣传教育，落实到人只是瞭望塔工程安全管理的一个方面的举措，另一方面，项目部严格执行“安全保证金”制度，直接对分包单位给予安全方面的约束，并将劳保用品发放等制度与安全例会检查落实情况挂钩，起到了“釜底抽薪”的效果；在专责安全工作副经理之下，项目部另设3名专职安全管理人员，安全生产管理的体系建设在项目部实现了从上到下、从点到面的无死角全面覆盖，在严格的制度之下，项目部施工生产中的重大安全隐患从无处遁形到无影无踪。“零伤亡”看似奇迹，实则是一个成熟的建筑企业、一个积极采取举措、落实管理的项目部防患于未然、严格执行各项安全制度章程所取得的必然成果。

安全生产管理之外，项目部把文明施工纳入了施工管理的重要工作，并通过特殊的区位优势将其做成了亮点。瞭望塔项目的现场原为奥林匹克休闲花园，项目部充分利用了现场的绿色植被，对现场作出了富于生趣的规划布局，打造出了令所有来访者眼前一亮的“花园式”施工现场，最大限度地融入景观环境，为项目部创造出优美的工作、生活环境的同时，为项目节省了用于硬化路面的混凝土达800余方。为保证生活区工人安全用电及冬季取暖，项目部将每间宿舍照明统一配送36伏低压电，每间宿舍配备一台冷暖空调，使得在瞭望塔劳动的工人感到：在这里，“不会丢命”只是生产过程中最低层次的安全标准，他们在这里可以生活得十分舒适，这极大地提升了工人对于企业的认同感，为安全管理工作的有效开展创造了条件。

“统筹兼顾，超前服务；精心策划，精心组织；苦干巧干，日夜兼程；注重质量，确保安全”，项目经理焦勇把张文龙董事长视察工程时的题词悬挂在自己办公室中，作为瞭望塔工程全体建设者的行动指南。在将近两年的施工中，项目部的建设者们确实达到了这样的要求，这些平凡而又闪光的北京建工人，面对责任和艰难，让高扬在四川援建、玉树援建、和田援建现场的北京建工铁军精神同样高扬在奥林匹克公园，以专业的水准、负责的态度，再度为首都北京奉献了新的地标，一座246米的高塔，也由此成为北京建工集团放眼高端、实现突破的里程碑。

西方传说中，上帝为阻止人类建成通往天堂的巴别塔，改变并区别开了人类的语言，使他们有了交流障碍。推出英文版《建筑工程施工技术规程》，从某种意义上说，就是北京建工集团的一项"巴别塔"工程。

"巴别塔"助中国建筑标准接轨世界 北京建工推出英文版建筑技术规程

杨海舰，刘 垚

（北京建工集团，北京 100055）

以前接到国外建筑行业伙伴或监理质询时，北京建工国际公司总工程师吕欣英听到频次最多的问题之一就是："中国的技术标准不差，但英文版在哪里？如何让我们执行中国标准去验收？"现在再被问到这个问题，他可以底气十足地回答了。

日前，北京建工集团推出了英文版《建筑工程施工技术规程》(以下简称《规程》)。这是该集团引领中国建筑技术标准走向世界、提高中国建筑企业国际话语权的重要举措，同时也将助力其国际市场开拓。

话语权缺位

"对境外工程人员来说，掌握技术话语权的重要性不言自明。就像中国本土工厂生产的国外品牌汽车，只能在国内销售，就是因为技术是别人的，我们做不了主。"吕欣英这样形容建筑施工中的话语权。

吕欣英了解到的情况是，目前中国"走出去"的建筑企业中，中国水电已有成套的英文版技术规范，这一方面是缘于我国的水利水电工程技术处于国际领先水平，被广泛认可，再有就是中国水电很早就有了推出英文规范的意识。"某种程度上，英文规范就是通行证，它能够显示出，一个企业的管理是与世界接轨的。"

在当前的世界经济体制下，"走出去" 的企业必须遵循国际市场规则，这提出了很多要求，具备英文标准就是其中一项。

据了解，北京建工集团以前承建的境外项目，即使是由中方设计，通常也只能采用业主或监理要求的根据英、美标准形成的技术规程，这给项目履约和成本控制带来了不可估量的巨大风险。"用别人的标准做工程，对接难度很大！"北京建工集团桑给巴尔国际机场项目技术负责人赵学江深有感触。

之前他们也根据工作需要做过一些翻译工作，但十分不规范，很难得到业主和监理方的认可。"业主和监理需要哪部分标准，我们就临时抱佛脚翻译哪部分，太被动了，也显得我们太不专业了。"吕欣英说。

北京建工设计公司副总经理李晨也有相同感受。在涉外项目设计过程中，因无国内图集的英文版，他们往往通过"见某某图集"的引用来解决问题，而业主手里没有图集，就要求用英文说明情况。

这时，英文标准的重要性日益显现。

筑起技术"巴别塔"

对英文版技术标准重要性的认识日渐深入，直到最终正式推出，北京建工集团经过了一个探寻摸索的过程。

据了解,国内的工程发包标书最多也就100页左右,而国外的标书则会非常详细地描述技术规范要求,两三千页是很常见的。要投标,必须有充足的准备。

吕欣英介绍,他们曾购置了一些英文版中国GB建筑技术国家标准,还有配套的BS、ASTM等英、美建筑规范,用以学习借鉴和指导项目履约,同时,资源共享也让集团承建境外工程的兄弟单位受益。

尽管如此,现有的资料积累还是无法满足他们EPC等高端国际业务的开展需要。“既然国内GB标准英文版不多,而我们又拥有近60年积累的企业标准,为什么不可以走在前面?”

坚实的技术功底和经验积累必不可少。据了解,此前在美国驻华使馆建设过程中,北京建工集团将项目涉及的施工技术、中国产品的文字资料以英文版提交给美方建筑师,向美国总承包商和业主说明己方的施工工艺和产品虽然执行GB或采用中国标准生产,但能够符合美国相关标准,使中国技术和产品在该项目得到了部分应用。这一成功实践更坚定了他们将中国企业技术标准翻译成英文的决心。

2010年9月,北京建工国际公司正式启动英文版《建筑工程施工技术规程》的编制工作,先由专业公司翻译,之后在外籍顾问培训和指导下,北京建工集团组织外籍专业顾问、内部多名专家和员工组成校审组进行了为期3个月的精心校审,样书于日前出炉,分三卷,共约100万字、1100页,并计划在市场公开发行。

吹响接轨世界号角

来自香港的李哲是蒙古国香格里拉酒店工程的机电项目经理,由于与北京建工集团在美国驻华使馆项目时就有合作,他此次也参与了英文版《规范》的校审工作。“以后我们可以直接用作专项技术方案,这样项目组技术工作压力就小多了!”翻看《规程》分卷《建筑电气规范》样书时,李哲这样说。

近年来,北京建工集团的海外市场迅速扩大,已经在20多个国家和地区设立了常设机构,与此同时,承接的国际项目向高端化发展,EPC(设计-采购-施工)和D&B(设计-建造)等项目越来越多。“国际市场规模的扩大和项目的高端化,对把中国标准推向世界提出了更为迫切的要求”吕欣英介绍说。

李哲举例说,美国驻华使馆项目的设计和总包方均为美国顶尖公司,工作态度严肃而专业。例如,遇到某些分部分项工程的检测指标在中国空缺时,他们甚至将其运送至澳大利亚等地检测。这逼着中方参建人员苦学美国标准,也让他们意识到,推广中国标准将带来怎样的施工便利。而如今,英文版《规程》的推出让中国工程技术人员有了掌握主动权的机会。

以桑给巴尔国际机场EPC项目为例,一旦采用中国的标准,企业就可以在设计和建设中更大范围地采用中国技术标准要求、质量标准和中国工人熟悉的方法以及符合中国标准的中国材料,这就有助于从设计阶段开始用中国企业熟悉的施工方法和中国产品,更直接地开展成本控制、提高生产效率,提升企业在国际市场上的综合竞争力。

英文版《规程》的出炉除了能够为北京建工集团的国际业务发展带来直接裨益外,参与编制的人员更看重这件事情对推动中国建筑企业“走出去”的战略意义。

“标准战略对于一个企业说,意味着竞争能力、生存能力和科技研发能力,对于一个国家来说,则意味着竞争战略、强国战略和生存战略。作为一家大型国际承包商,拥有英文版的企业标准是向世界展示中国企业实力、赢得业主和监理信任、树立中国企业国际品牌的需要。”身为英文版《规程》的执行主编,吕欣英表示,他们要为中国建筑企业更好地“走出去”作出积极贡献。

身兼中国对外承包工程商会副会长的北京建工集团副总经理马铁山说,从1993年在毛里求斯开拓国际市场开始,到如今北京建工集团的国际业务遍布全球20多个国家和区域,在企业发展的同时,他亲身感受到,中国建筑业接轨世界的征程一直在继续着。“英文版《规程》是一个开始,我们会筑起越来越多的‘巴别塔’,希望中国的建筑标准与国际标准早日实现无缝对接。”

2012年中国经济形势分析与预测秋季报告发布会在京举行

10月12日，由中国社会科学院经济学部举办的“2012年中国经济形势分析与预测秋季发布会”在京举行。会议正式对外发布了《中国经济前景分析——2012年秋季报告》。

报告对2012年国民经济主要指标进行了预测并对稳定经济增长和优化投资结构提出了重要建议。报告认为，在当前国际经济低迷和出口低速增长时期，除了要采取进一步的措施大力扩大消费需求之外，还要在防止过剩产能进一步扩张的前提下，把稳定投资增长作为短期稳定经济增长，防止经济增速进一步下滑的最有效、最直接的措施。在稳定投资的过程中，必须比以往更加关注投资结构的优化，防止造成不必要的浪费。其建议内容包括；

1.加大对企业技术改造的投资规模。企业技术改造具有用地少、投资省、见效快、效益好的特点。我国工业正处在由大到强转变的重要时期，在国际金融危机深层次影响仍在显现、国内经济下行压力加大的情况下，企业技术改造应作为调整经济结构和产业升级的重要抓手。要及时采取有力政策措施，鼓励和支持企业采用新技术、新工艺、新设备、新材料，对现有设施、工艺条件及生产服务等进行改造提升，增强创新和竞争能力，加快产业升级。这对于推进经济结构调整和经济发展方式转变、提高工业发展的质量和效益，对于促进合理投资、保持经济平稳较快发展，都具有重要意义。中央财政应安排更多资金以贴息方式支持重点行业加快实施技术改造，鼓励金融机构对技术改造项目提供多元化融资便利，支持企业采用融资租赁等方式开展技术改造，扩大企业技术改造直接融资规模。

2.加大对民生事业的投资力度。国际经验表明，一个国家处于中等收入水平的时期往往是民生事业的加速发展期，如今我国正处于这一黄金发展期间。在当前外部环境复杂多变的情况下，必须牢牢把握扩大内需这一发展的战略基点，把保障和改善民生放在实施财政政策更加突出的位置。2013年应继续调整优化财政支出结构，进一步加大民生支出，进一步提高所占比例，保障人民群众特别是低收入群体的基本生活。虽然近两年我国农村居民人均纯收入增速快于城镇居民人均可支配收入增速，但高收入人群收入与低收入人群收入之间的差距还在继续拉大，这于保持社会稳定极为不利。应继续加大对教育、社保、保障性住房、医疗等基本公共服务的投入，以实施重大民生工程为抓手，强化薄弱环节，多补社会事业“短板”。应制定和出台一些实质性的、有效的新措施、新政策，切实降低一些服务业，如医疗、教育等的进入门槛，合理引导民间资本和要素向有利于民生事业发展的方向流动。

3.适当加大对重大交通和城市基础设施的投资力度。要发挥政府在基础设施建设中的重要作用，加大对基础设施建设的财政性资金支持，夯实经济发展基础。9月初，国家发改委公布了批复的25个城轨规划和项目、13个公路建设项目、10个市政类项目和7个港口、航道项目，预计总投资规模超过1万亿元。目前，不少地方政府相继提出了扩大投资的计划。2013年在稳定投资增长的过程中，应适当增发国债规模，增加中央财政对基础设施投资的支持力度。在管理好地方政府融资平台风险的条件下，银行应满足地方政府融资平台服务实体经济发展的合理资金需求。当前迫切需要加大投融资体制改革力度，引入灵活有效的投融资机制，以吸引民间资本向重大交通和城市基础设施项目投资。

4.加大对普通商品住房的投资和建设力度。自

2010年第四季度以来，我国出台了一系列房地产市场调控政策，从增加住房供给、抑制投机投资性需求两个方向着力。2011年伊始，政府推出了差别化的住房信贷政策，实行限贷限购等措施，以强化调控效果，遏制房价上涨。“限购令”的推行，总体上遏制了房价的快速上涨。但另一方面，房地产调控也导致房地产开发投资增速显著下降。2010年，全国房地产开发投资同比增长33.2%，其中商品住宅投资增长32.9%；2011年，相应数据分别下降为27.9%和30.2%；2012年前8个月，全国房地产开发投资同比名义增长15.6%，其中住宅投资增长10.6%。如果房地产投资增速继续回落，必将对稳定经济增长造成不利影响。今年以来，受首套房贷政策有所放松以及刚性需求释放等因素影响，房地产交易增速逐渐回升，全国房地产市场总体呈现探底回升的走势。8月份，全国土地市场交易量和房地产投资增速开始出现回升，初步显现了企稳的迹象，但尚不稳固。未来一段时期，要加大普通商品住房的投资和建设力度，特别是中小套型住房建设，抓好保障性安居工程建设，满足居民合理的自住性住房需求；加大普通商品住房和各类保障性住房用地供应力度，优化供地结构，促进房地产投资恢复平稳较快增长的态势；促进建立市场和保障协调发展的住房体系，加快建立健全房地产市场调控的长效机制和政策体系。（王佐 报道）

《建筑工程质量问题及事故实录》

程峰 编著，征订号：21359，定价：26元

本书以房屋建筑工程的质量问题及事故为主题，分十篇对建筑基坑土钉墙、回填土、剪力墙大模板工程、高大模架、SBS改性沥青卷材防水、粉刷石膏、墙面砖、饰面干挂石材、建筑幕墙上挂钩式外开窗及地面石材的问题及事故实例进行介绍及分析。书中共收集了相关的工程照片约160张，直观地呈现这些问题及事故的实际情况，并且根据工程实际、相关规范及经验提出措施及建议，供读者预见施工隐患和质量问题，及早从具体问题着手，防患于未然，或在出现问题后也能够及时采取正确的处理手段。

本书将为建筑施工、设计、监理人员提供参考和帮助。

《大型国际工程施工总承包管理实践——新加坡环球影城项目案例研究》

李佩勋 刘波 王月栋 刘志明 编著，征订号：22118，定价：40元

中国建筑企业对国外大的施工环境、施工习惯不了解，对如何真正组织国外的总承包施工管理的知之甚少，国内的施工总承包管理企业需要熟悉、了解外商对建筑施工的通常的组织要求。本书是在新加坡环球影城项目部的施工管理实践的基础上，对中国施工公司在项目组织、项目实施到项目结算各方面如何满足海外合同要求，如何保护自身利益，顺利达到既定目标进行了详细的阐述。尽管每个项目有各自的特点，但是本书在编写中发现在项目实施中遇到的很多问题在其他项目中也曾遇到过，具有相似性。故而本书力求通过分析、解决环球影城这个项目遇到的问题，把类似问题的处理思路、方法写出来，并附有大量的具体案例，以供各类项目总承包商们参考借鉴，共同赢得并扩大海外市场。